100년의 난제
푸앵카레 추측은
어떻게 풀렸을까?

필즈상을 거부하고 은둔한 기이한 천재 수학자 이야기

100년의 난제
푸앵카레 추측은
어떻게 풀렸을까?

가스가 마사히토 지음 | **이수경** 옮김
조도상(건국대 수학교육과 교수) 감수

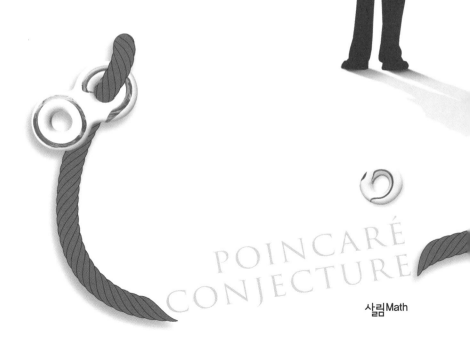

POINCARÉ
CONJECTURE

살림Math

세기의 난제와 수수께끼의 수학자

| 수 학 이 우 주 의 형 태 를 해 명 하 다 |

여러분은 밤하늘을 보면서 "저 하늘 끝은 어떻게 되어 있을까?", "과연 우주는 어떤 모양일까?"라는 상상을 해 본 적이 있는가?

▶ 우주의 형태를 생각한다.

2007년 여름, 프랑스 파리 교외에 위치한 뫼동(Meudon) 천문대에서 천체망원경을 들여다보며 아이와 함께 별을 관측하는 많은 부모에게 다음과 같은 질문을 던져 보았다.

– 우주는 어떤 모양일까요?

"우주는 끝이 없어요. 그러니까 아무 모양도 없어요."(10세 남자 아이)

"네모난 상자요. 안 그러면 별들을 넣을 수 없잖아요."(7세 여자 아이)

"넓게 펼쳐져 있을 것 같아요. 어쩌면 큰 접시처럼 생기지 않았을까요?"(18세 남자 아이)

"우주의 형태를 알 수 있나요? 알면 재밌겠네요."(30세 여성)

"그 질문에 정답은 없어요. 왜냐면 우주는 엄청나게 크고, 그에 비하면 우리 인간은 하찮은 존재니까요. 어디가 끝이고, 어떤 모양인지 알아내는 건 불가능해요."(42세 남성)

우주의 형태, 그것은 태곳적부터 인류의 호기심을 자극해 온 수수께끼이다. 고대 인도에서는 우주의 모양이 똬리 튼 거대한 뱀 위에 거북이 올  라앉고, 그 거북의 등 위에 네 마리 코끼리가 반구(半球)의 대지를 떠받들고 있는 형상이라고 믿었으며, 고대 이집트에서는 여신이 몸에 별과 달을 매달고 평평한 대지를 에워싸고 있다고 생각했다. 고대 그리스에서는 천동설을 주장한 프톨레마이오스(Claudios Ptolemaeos)가 우주의 가장 바깥쪽을 '천구'라는 딱딱한 공으로 정

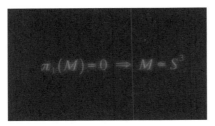
$$\pi_1(M) = 0 \Rightarrow M \sim S^3$$

▶ 푸앵카레 추측을 간략하게 나타낸 수식

의했다. 그리고 현대 과학이 만들어 낸 최첨단 기술로 우주의 수수께끼가 하나둘씩 풀리고 있지만, 안타깝게도 우주의 전모는 아직 정확히 밝혀지지 않았다.

그런데 최근 우주의 형태를 해명하게 할 수학의 한 가지 난제가 풀렸다. 난제의 제목은 '푸앵카레 추측(Poincaré conjecture)'. 정확히 말하면 "단일연결인 3차원 다양체는 구면과 같다."는 명제인데, 좀 더 풀어서 말하면 "어떤 닫힌 3차원 공간에서 모든 폐곡선이 수축되어 한 점이 될 수 있다면 이 공간은 반드시 3차원 구(3 dimensional sphere)로 변형될 수 있다.'"는 뜻이다. 1904년에 푸앵카레가 처음 제기한 이래 수많은 수학자가 도전했지만 풀지 못한, 말 그대로 '세기의 난제'였다. 그런데 이것을 증명했다는 소식이 전해지자 전 세계 사람들은 놀라움을 금치 못했다.

푸앵카레 추측은 100년 동안 수많은 수학자를 괴롭힌 난제 중의 난제다. 그렇기 때문에 처음에는 이 명제가 풀렸다는 이야기를 아무도 믿지 않았다. (미국 예일 대학, 브루스 클라이너 교수)

그야말로 악몽이었다. 나는 이런 일이 일어날 것을 두려워했다. (프

랑스 파리 오르세 대학, 발렌틴 포에나르 교수)

2006년, 미국의 과학 잡지 〈사이언스〉는 조금도 주저하지 않고 올
해의 과학 뉴스 1위로 '푸앵카레 추측 해결'을 꼽았다.

그야말로 수학계에서 100년에 한 번 일어날까 말까 한 '대사건'이
었다. 하지만 사건은 여기에서 끝나지 않았다.

| 사 라 진 천 재 수 학 자 |

2006년 8월 22일, 스페인의 마드리드에서 국제수학연합(IMU,
International Mathematical Union, '국제수학자연맹'이라고도 불린다)
이 주최하는 필즈상 수상식이 열렸다. 회장 안에는 상을 수여할 스
페인 국왕 후안 카를로스 1세와 세계에서 활약하는 4,000명이 넘는
수학자들로 가득 찼다.

필즈상은 4년에 한 번 수학
계에서 뛰어난 공적을 쌓은 수
학자 몇 명에게만 주는 수학계
최고의 영예로운 상으로, 수상
자가 적다는 점에서 노벨상 이
상으로 권위가 있다. 이 해의

▶ 필즈상 수상식 회장

필즈상은 푸앵카레 추측의 해법을 제시한 수학자에게 돌아갈 것이라는 사실을 아무도 믿어 의심치 않았다.

당시 IMU 총재인 존 볼 박사(John Ball, 옥스퍼드 대학 교수)가 수상자를 발표하기 위해 단상에 나타나자 객석은 그를 큰 박수로 맞이했다. 박사는 잠시 회장이 조용해지기를 기다렸다가 말문을 열었다.

"상트페테르부르크(St. Petersburg) 출신의 그리고리 야코브레비치 페렐만(Grigory Yakovlevich Perelman) 박사에게 필즈상을 수여합니다."

총재의 말과 동시에 긴 수염을 기른 남성의 얼굴 사진이 단상 스크린에 떠올랐다. 세기의 난제라는 푸앵카레 추측을 푼 40세의 러시아 수학자 그리고리 페렐만 박사였다. 회장에서 우레와 같은 박수소리가 터져 나왔다. 수학계에 일어난 '100년에 한 번 나올 기적'을 기리며 기쁨을 함께 나누는 박수였다.

하지만 곧이어 놀라운 일이 일어났다. 존 볼 박사가 말을 이었다.

"심히 유감스럽게도 페렐만 박사는 수상을 거부했습니다."

존 볼 박사의 말이 제대로 들리지 않아서였는지, 아니면 말뜻을 이해하지 못해서인지 회장에는 어설픈 박수 소리가 몇 번 들리더니 곧 멎었다. 어처구니없게도 페렐만 박사는 필즈상 메달과 상금 수여를 거부하고 회장에 모습조차 드러내지 않았던 것이다.

▶ 수상 거부를 전하는 존 볼 박사

푸앵카레 추측을 풀려고 애쓴 수학자들은 특히 충격이 컸다. 30년 넘게 푸앵카레 추측을 연구한 미국의 볼프강 하켄(Wolfgang Haken) 박사도 그 중 한 사람이었다.

▶ "푸앵카레 추측이 풀렸다." (《사이언스》, 2006년 12월 22일)

"4년에 한 번 주는 필즈상을 거부한 수학자는 지금까지 단 한 사람도 없었다. 국제수학연합에 믿을 수 없는 타격을 주었다. 사람들의 시선을 끌기 위해서 일부러 한 행동이라고는 생각하고 싶지 않지만, 어쨌든 이 일로 페렐만은 온 세상에 이름을 알렸다. 상을 거부한 속마음은 물론 도대체 어떤 사람이고, 어떤 삶을 사는지 매우 흥미롭다."

"러시아 은둔자 '수학의 노벨상' 거부. 학회를 조롱하다." (미국, 〈USA 투데이〉)

"가난한 수학자가 상금 100만 달러를 거절했다." (독일, 〈프랑크푸르트 알게마이네 차이퉁〉)

"세계 최고의 천재는 우리 러시아 사람이었다." (러시아, 〈프라우다〉)

"페렐만은 확실히 흥미롭다. 하지만 다른 천재 수학자는 앞으로 어

떻게 되는 걸까?"(프랑스, 〈인터내셔널 헤럴드 트리뷴〉)

전 세계 미디어가 앞 다투어 이 전대미문의 사건을 대서특필했다. 세기의 난제라는 푸앵카레 추측을 푼 위업도 위업이지만 뉴스의 초점은 온통 페렐만 박사의 특이한 외모와 수수께끼 같은 성격, 그리고 난제 해석에 걸린 100만 달러(약 14억 원)나 되는 엄청난 상금에 쏠렸다.

2000년, 미국의 사설연구기관인 클레이 수학연구소(Clay Mathematics Institute, CMI)는 일곱 가지 미해결 문제를 모은 '밀레니엄 현상금 문제(millenium prize problems)'를 발표하였는데 푸앵카레 추측도 이 중 하나였다. 이때 클레이 연구소는 문제를 해결한 사람에게 수학계에 공헌한 점을 인정해 100만 달러의 상금을 지급하기로 결정하였다.

하지만 필즈상 수상을 거부한 페렐만 박사가 이 상금을 받을 것이라는 생각은 아무도 하지 않았다. 당시 클레이 수학연구소도 아무런 언급을 하지 않았고, 당사자인 페렐만 박사의 행방조차도 알 수 없었다. 유일한 소식이라야 "페렐만 박사는 수학계를 떠나 상트페테르부르크 숲에서 취미인 버섯 따기를 즐기고 있다."는 기묘한 소문뿐이었다.

▶ 상트페테르부르크의 울창한 숲

과거 70년 동안 겨우 44명

밖에 받지 못한 수학계 최고의 영예인 필즈 메달. 메달 앞에는 고대 그리스 시대의 수학자 아르키메데스(Archimedes)의 얼굴이 새겨져 있고, 옆면에는 수상자의 이름이 새겨진다. 하지만 이번 메달은 사상 처음으로 갈 곳을 잃어버렸다.

| 최 후 의 대 화 |

페렐만 박사는 수학자라면 누구나 꿈꾸는 영예를 왜 거부했을까? 그리고 우주의 형태를 해명하는 푸앵카레 추측이란 도대체 어떤 난제일까? 그것을 밝혀내는 것이 우리 취재의 출발점이었다.

2007년 1월, 우리는 국제수학연합 전 총재인 존 볼 박사를 찾아 영국으로 떠났다. 페렐만 박사가 수학계에서 모습을 감추기 전 마지막으로 이야기를 나눈 수학자가 존 볼 박사라는 정보를 얻었기 때문이다. 마드리드에서 페렐만 박사가 수상을 거부했다는 소식을 전할 당시, 골똘히 생각에 잠겨 있던 표정과 인상이 강하게 남아 있었다.

"메달을 보관해야 하는 중책을 떠맡지 않아 솔직히 안도하고 있습니다." 존 볼 박사는 상

▶ 베를린에 보관된 페렐만 박사의 필즈 메달

냥하게 웃으며 말했다. 응용수학을 전공하고 옥스퍼드 대학 수학과 부장으로 재직중이던 박사는 2006년 총회 후 곧바로 IMU 총재 자리를 떠났다. IMU 사무국은 4년에 한 번 열리는 회의(국제수학자회의)를 마치면 주최국이 바뀌고, 임원진도 모두 교체된다. 그 전대미문의 수상 거부 사건이 있은 뒤 사무국은 독일로 바뀌었다. 페렐만 박사가 받았어야 할 필즈 메달은 베를린 사무국으로 옮겨졌고, 지금도 엄중하게 보관되고 있다고 한다.

존 볼 박사는 그때까지 페렐만 박사를 만난 적이 없었다. IMU 위원회에서 은밀하게 수상자로 페렐만 박사를 결정한 2006년 봄, 페렐만 박사의 의사를 확인하기 위해 본인에게 전화를 걸었을 때 처음 이야기를 나누었다고 한다.

"나는 페렐만 박사가 필즈상 수상자로 결정되었으니 받으면 좋겠다고 전했습니다. 그러자 그는 유창한 영어로 '상은 됐습니다.'라고 대답하더군요. 수상 소식에 놀란 기색은 조금도 없었고, 오히려 연락이 오면 어떻게 대답해야 할지 미리 생각해 둔 것 같은 말투였습니다. 내가 상트페테르부르크로 찾아가면 만나 주겠냐고 묻자 선뜻 그러겠다고 대답하더군요."

그래서 2006년 6월 중순에 존 볼 박사는 혼자서 상

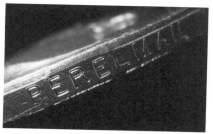

▶ 필즈 메달 측면에는 수상자의 이름을 새긴다

트페테르부르크를 찾았다. 직접 만나서 이야기하면 페렐만 박사의 생각을 바꿀 수 있을지도 모른다는 작은 희망을 품고.

▶ 상트페테르부르크

"성공할 가능성이 클 것 같지는 않았지만, 그래도 설득해 본다는 시도 자체가 중요하다고 생각했습니다. 주위 수학자들도 제가 그렇게 해 주기를 원했고, 제 자신도 그랬습니다. 필즈상이 거부된다면 아무래도 이런 저런 질문이 쏟아질 게 뻔했기 때문에 설령 페렐만 박사를 설득하지 못한다고 해도 그의 속마음을 자세히 알아야 한다고 생각했습니다."

– 상트페테르부르크에서 그를 만났을 때 첫인상은 어땠습니까?

"나는 우리가 만나기로 한 오일러 연구소에 먼저 도착해서 그를 기다렸습니다. 잠시 후에 그가 왔는데 건물 안으로 들어오지 않고 건물 밖에서 저를 기다리더군요. 긴 머리에 긴 손톱, 눈에 띄는 외모 덕분에 금방 알아볼 수 있었습니다. 하지만 그런 건 아무래도 좋았습니다. 나는 그의 이야기에만 흥미가 있었습니다. 그가 오일러 연구소 안으로 들어오려고 하지 않았기 때문에 우리는 장소를 옮겨서 이야기를 나누었습니다."

– 그는 왜 연구소 안으로 들어오려고 하지 않았을까요?

"이유는 묻지 않았습니다만 추측해 보면 그는 자신이 수학계에 속

▶ 상트페테르부르크 시내의 페렐만 박사가 사는 지구

하지 않았다, 속하고 싶지 않다는 뜻을 보여 준게 아닐까 합니다. 그래서 연구소 안으로 들어오고 싶지 않았던 것이죠."

– 그가 그렇게 생각하는 이유를 아십니까?

"그건 그 사람의 개인적인 일이라 자세히 말하고 싶지 않습니다. 그러나 분명히 그에게 어떤 일이 일어났고, 그 일로 자신은 수학계에 속하지 않았다, 속하고 싶지 않다고 생각하게 된 것 같습니다. 그 때문에 그는 수학계를 대표하는 인물로 보이고 싶지 않았던 것입니다. 이것이 그가 말한, 상을 받고 싶지 않은 이유 중 하나였습니다."

– 당신은 어떻게 생각합니까? 수학계를 보는 그의 사고에 동의하십니까?

"수학자는 다른 과학자와 마찬가지로 성실합니다. 그러나 페렐만은 특별히 고결한 수학자입니다. 아마 그것은 그의 수학이 가진 명확성 때문이라고 생각합니다.

– 수상에 관한 그의 견해는 확고했습니까? 아니면 상을 받는 것이 중요하다는 당신의 의견에 귀를 기울였습니까?

"양쪽 모두입니다. 그의 확고한 의견은 처음 전화로 이야기했을 때부터 상트페테르부르크에서 이틀을 보내고 헤어질 때까지 흔들리지 않았습니다. 하지만 동시에 그는 내 말에 귀를 기울이고, 그것에 대답했습니다."

– 그 이틀간, 그는 자신이 한 연구에 긍지와 성취감을 보여 주었습니까?

"물론입니다. 자신이 이룬 일을 자랑스럽게 생각하느냐고 물었더니 '그렇다.'고 대답했습니다."

– 방문은 성공적이었나요?

"그의 생각을 바꾸지 못했으니 그 점에서는 실패입니다. 하지만 서로 상대방의 생각을 이해하고, 많은 문제를 이야기한 것은 좋았습니다. 그는 매우 성실했습니다. 그와 즐겁게 만난 것만으로도 제게는 큰 수확이었습니다."

존 볼 박사의 이야기를 들을수록 페렐만 박사의 진의는 점점 더 수수께끼 같았다. 하지만 '고결한 수학자'라는 말이 인상에 뚜렷이 남았다. 헤어질 때 존 볼 박사는 변명하듯 이렇게 덧붙였다.

"최근에는 페렐만 박사와 연락도 하지 않고, 어디에 있는지도 모릅니다."

제 1 장

페렐만 박사를 찾아서

Poincaré conjecture

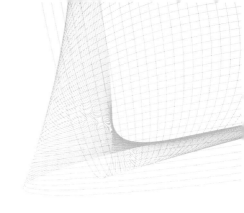

｜ 태 어 난 고 향 상 트 페 테 르 부 르 크 ｜

　2007년 5월, 우리는 러시아 제2의 도시인 상트페테르부르크를 찾았다. 행방을 감춘 페렐만 박사는 이 도시에서 태어나고 자랐다고 한다.

　백야가 시작되었기 때문에 밤 9시가 지나도 하늘은 여전히 푸르렀다. 이 무렵부터 상트페테르부르크는 본격적인 관광 시즌이다. 도시를 종횡으로 흐르는 운하는 관광객을 태운 유람선으로 붐비고, 주말이면 교회에서 결혼식을 올리고 나온 여러 국적의 커플들을 도시 곳곳에서 볼 수 있다.

　하지만 페렐만 박사의 거처는 쉽게 알 수 없었다. 일찍이 그를 취재했다는 그 지역 저널리스트의 연락을 기다리는 동안 우리는 거리에서 사람들에게 직접 물어보기로 했다.

　– 혹시 이 사진 속의 남성을 아십니까?

"테러범인가요? 아니면 배우인가?"

이렇게 대답한 여성은 독일에서 온 여행객이었다. 이 시기에는 유럽에서 온 관광객이 많았는데, 목에 카메라를 건 사람은 대부분 독일인이라고 한다. 어디에선가 들어본 듯한 이야기이다.

다음에는 현지인에게 물어보기 위해 손님을 기다리는 중년 택시 기사에게 말을 걸었다.

"알아요. 푸앵카레 이론인지 뭔지를 풀었는데 상금 100만 달러를 거절한 수학자죠. 어디에도 모습을 드러내지 않고, 물건을 사러 나오지도 않는다고 해요."

ㅡ 그 사람을 어떻게 생각하십니까?

"아마 이상한 사람일 거예요. 머리는 좋을지 몰라도."

이어서 포장마차에서 아이스크림을 파는 여성에게 사진을 보여 주었다.

"알아요."

ㅡ 수상을 거부한 걸 어떻게 생각하십니까?

"이상하죠. 나라면 냉큼 받았을 텐데. 사는 것도 힘들고, 두 살짜리 어린 딸도 있으니까요. 도대체 무슨 생각으로 그랬는지 몰라."

아이스크림을 핥아 먹는 초등학생으로 보이는 두 아이에게도 물어보았다.

"본 적 있어요, 이 사람. 유명한 수학자예요."

"저쪽에 살아요!"

어쨌든 그 지역에서 박사는 꽤 유명한 것 같았다.

페렐만 박사의 집은 상트페테르부르크 교외의 고층 집합주택이 빼곡히 들어선 지역에 있었다. 근처 사람들 말로는 이 주변의 주택은 대부분 원룸으로, 서민용 아파트라고 한다.

1층 층계참에 놓인 우편함에는 아무런 이름도 적혀 있지 않았다. 물론 페렐만 박사가 사는 6층 방문에도 문패는 없었다. 큰맘 먹고 문을 두드려 보았지만 반응은 없었다.

정말로 여기에 세기의 난제를 푼 수학자가 살고 있을까? 그때 마침 지나가는 주민이 있어 물어 보았다.

– 페렐만 씨가 여기에 삽니까?

"네, 그래요."

그렇게 말한 후 그녀는 페렐만 박사의 방 초인종을 천천히 눌렀다. 아무리 눌러도 반응이 없었지만 그녀는 오히려 당연하다는 표정을 지었다.

"제가 여기서 5년을 살았는데 그 사람 얼굴을 본 건 여섯 번이나 될까?"

– 제일 마지막으로 본 건 언제인가요?

"두세 달 전이었죠. 옷차림이 수수했는데 마치 사람들과 거리를 두려는 것 같았어요. 얼굴은 수염으로 완전히 뒤덮였고요."

그녀의 말에 따르면 페렐만 박사는 이 아파트와 같은 시내에 있는 어머니의 집을 오가며 생활한다고 한다. 하지만 수상 거부로 세상의 이목을 끈 이후에는 어머니의 집에 머무는 것 같다고 했다.

– 어떻게 하면 박사를 만날 수 있을까요?

"글쎄요. 저는 잘 모르겠네요. 연구소에서 일하니까 거기 가면 뭔가 정보를 얻을 수 있지 않을까요?"

결국 그녀 이외의 주민은 페렐만 박사에 관해 아는 바가 거의 없었다.

박사가 일했다는 스테클로프 수학연구소(Petersburg Department of Skeklov Institute of Mathematics)는 상트페테르부르크의 중심을 흐르는 폰탄카(Fontanka) 운하를 따라 납작한 돌을 깐 오래된 거리에 있었다. 이 일대는 도스토예프스키(Fyodor Mikhailovich Dostoevsky)의 소설 『백야』에서 주인공 남녀가 만나는 무대이기도 했다.

러시아에서 가장 전통 있는 이 연구소에 근무하는 수학자들은 대학 교수처럼 학생을 지도하거나 잡무를 처리해야 할 의무가 전혀 없다. 급여는 결코 많지 않지만 자신의 연구에만 몰두할 수 있기 때문에 전국에서 내로라하는 엘리트들이 모여 들었다.

페렐만 박사의 동료인 나타샤 카라자에바 씨가 박사의 방까지 우리를 안내해 주었다. 문틀에 제대로 맞지 않은 나무문을 열자 그다지 넓지 않은 방 한가운데에 타원형 테이블이 있고, 창가에 책상 네

▶ 스테클로프 수학연구소 내의 페렐만 박사가 사용하던 책상과 컴퓨터

개가 나란히 놓여 있다.

"여기는 수리물리학 연구실입니다. 페렐만을 포함해서 수학자 몇 명이 함께 사용했어요."

방 제일 끝 쪽에 있는 커다란 컴퓨터가 놓인 책상을 손으로 가리키며 그녀가 말했다.

"그는 늘 이 자리에 앉아서 연구했습니다. 언제나 모두에게 등을 보이고 앉아 있었죠."

박사의 자리에서는 폰탄카 운하를 오가는 유람선과 작은 다리가 보였다.

페렐만 박사가 모습을 감추기 직전에 동료가 촬영했다는 사진 한 장이 남아 있었다. 컴퓨터를 마주 보고 앉은 박사의 뒷모습이었다.

▶ 상트페테르부르크의 폰타나 운하 가에 서 있는 스테클로프 수학연구소

　연구소에 출근하면 페렐만 박사는 맨 먼저 컴퓨터 앞에 앉아 메일부터 확인했다고 한다. 같은 방 동료들은 두셋씩 테이블 앞에 둘러앉아 차를 마시며 수학 이야기를 할 때가 많았지만 박사는 그 무리에 끼지 않고 그저 자신의 연구에만 몰두했다.

　"그는 갑자기 일어섰나 하면, 테이블 위의 과자를 집어 들고 중얼거리면서 자기 자리로 돌아갔습니다. 언뜻 다가가기 어려워 보이지만, 수학에 관해서 물어보면 의외일 정도로 상냥하게 대답해 주었습니다."

　2005년 12월 페렐만 박사는 갑자기 이 연구소를 그만두었다. 동료들이 모두 붙잡았지만 그는 자신의 뜻대로 밀고 나갔다. 그리고 그 후 한 번도 연구소에 모습을 나타내지 않았다.

　"페렐만에게는 수학이 전부입니다. 수학은 그의 인생 자체입니다. 수학의 세계에서 떠났다는 소문이 있지만, 도저히 믿을 수 없습니다."

| 돈 도 지 위 도 싫 다 |

박사가 소식을 끊자 연구소 사무원은 아주 난처해졌다. 사무실 구석에는 전 세계에서 페렐만 박사 앞으로 보낸 우편물이 산처럼 쌓여 있었다.

"이것들은 모두 강연 의뢰나 초대장입니다. 이것은 미국의 버클리 연구소에서, 그리고 저것은 이탈리아의 밀라노에서 페렐만 박사에게 보내 온 것입니다."

우편물 대부분이 등기우편이었지만 본인이 수취를 거부해서 결국 스테클로프 연구소로 되돌아온 것이라고 한다. 곤란하기는 해도 사무원들은 페렐만 박사를 비난하지 않았다.

"페렐만이 상을 거부한 것은 정말 그다운 행동입니다."

연구소에서 경리를 담당하는 타마라 야코브레브나 씨의 말이다.

타마라 씨는 4, 5년 전부터 스테클로프 연구소에서 근무한 베테랑으로 관록 있고 몸집이 큰 여성이었다. 학창 시절 수학을 전공하기도 해서 연구소 직원들은 그녀를 매우 신뢰했다. 그녀의 사무실은 해외 출장을 다녀온 수학자가 사 온 선물로 가득했다.

연구소를 그만두기 몇 달 전, 페렐만 박사가 갑자기 그녀를 찾아와 급료의 일부를 돌려주고 싶다는 말을 꺼냈다고 한다.

"그가 그러더군요. '나는 이 프로젝트에 참가하지 않았다. 따라서 이 돈을 받을 수 없다.' 다시 말해 급료 명세에 자신이 모르는 프로젝트 이름이 쓰여 있는데, 자신은 그 일에 참여하지 않았기 때문에 돈을 받을 수 없다는 말이었습니다.

　그 프로젝트는 당시 그와 같은 방을 쓰는 수학자들이 그룹으로 하던 일인데, 페렐만은 마침 같은 시기에 그것과 관계없는 연구를 하고 있었습니다. 하지만 그 돈을 받는다고 비난할 동료는 없었죠. 적어도 내 기억으로는 이 연구소에서 과거에 그런 적은 한 번도 없었습니다. 받은 돈을 돌려주는 일은요."

　그렇다고 페렐만 박사가 경제적으로 넉넉했다는 뜻은 아니다. 당시 그는 월 500루블(약 22만 원)의 급료로 자신과 어머니의 생계를 지탱해 나갔다. 지급이 조금이라도 늦어지면 심각한 얼굴로 타마라 씨를 찾아와 아직 월급이 들어오지 않았다고 호소했다고 한다.

　"결국 페렐만은 자신이 정한 행동원칙을 철저히 지킨 것뿐입니다. 이 일은 내가 아는 한 많은 수학자에게 공통된 특징입니다. 그들은 대부분 자신이 정한 원칙에 충실하고, 다른 사람과의 관계 때문에 그 원칙을 깨는 일은 드뭅니다. 그러므로 페렐만의 행동을 사회 일반의 기준과 비교하는 것은 의미가 없습니다. 그런 뜻에서 나는 페렐만이 취한 행동을 이해할 수 없는 것이 아니라 오히려 당연하다고 생각합니다."

　타마라 씨는 페렐만 박사의 수상 거부라는 행위에 대해 분석하려 들지 않았다. 다만 그는 수학자에게는 수학자 특유의 성질이 있다고 몇 번이나 되풀이해서 말했다.

"페렐만은 사람을 잘 사귀지 못했습니다. 빈말이라도 싹싹한 성격이라고는 할 수 없지요. 하지만 그 대신 아주 드물게, 보통 사람 이상으로 성실했습니다. 완벽하다고 할 정도로 성실했지요. 수학이란 엄격한 규율로 이루어진 학문입니다. 어떤 면에서 그것은 수학자를 무뚝뚝하게 보이게도, 또 감정이 메마른 사람처럼 보이게도 합니다."

상트페테르부르크에 온 지 일주일. 우리는 페렐만 박사의 근황을 뜻하지 않은 방법으로 알게 되었다. 그것은 우연히 본 텔레비전 방송이었다.

"푸앵카레 추측을 증명했음에도 필즈상 수상과 상금 100만 달러를 거부한 유명한 천재 수학자 페렐만은 상트페테르부르크 사회와 거리를 두고 지냅니다. 그는 지금 어디에서 무엇을 하고 있을까요?"

프로그램은 몰래 찍었다고 생각되는 페렐만 박사의 모습을 보여 주었다. 박사의 집 주위에 숨어 있다가 촬영한 것 같았다.

"여기는 페렐만이 사는 아파트 옆 슈퍼마켓입니다. 잘 보십시오. 그는 지금 인기 있는 대중잡지를 손에 들었다가 다시 돌려놓습니다. 30루블조차 그에게는 큰돈입니다. 음식을 사는 데 쓸 돈도 아껴야 할 판인지 놀랍게도 사과도 1루블(두 개)어치만 사는군요. 만일 100만 달러를 받았다면 틀림없이 잘 살 수 있을 텐데 말이죠……."

이런 내레이션 뒤로 턱시도를 빼입은 페렐만 박사가 두 팔에 미녀를 안은 자극적인 합성사진이 나왔다.

필즈상 수상을 거부한 이후 러시아에서는 페렐만 박사의 사생활을 쫓는 이런 프로그램이 반복해서 나오고 있었다.

지방 신문은 페렐만 박사와 관련된 유행어까지 생겨났다고 보도했다.

페렐마니치(페렐만의 동사형?) : 불특정 장소에 있는 것, 행방을 알 수 없는 것.
페렐만을 찾다 : 불가능한 일, 실현할 수 없는 일을 하는 것.

우리에게는 웃어넘길 일이 아니었다.

| 완 전 히 달 라 진 천 재 소 년 |

러시아 국내에서 박사를 이런 식으로 취급하는 것에 마음 아파하는 사람이 있었다. 고등학교 시절 페렐만 박사를 가르쳤던 알렉산도르 아브라모프 선생. 지금은 모스크바 교육위원회에 소속되어 새로운 학교 설립을 계획하는 일을 한다. 아브라모프 선생에게 이야기를 듣기 위해 우리는 모스크바로 날아갔다.

"그리샤는 지금 어떻게 지내고 있습니까?"

인사도 하는 둥 마는 둥 선생은 말을 꺼냈다. 그리샤(Grisha)란 그리고리 페렐만의 어린 시절 애칭이었다. 우리는 페렐만 박사를 만나

는 데는 실패했지만 우연히 텔레비전 프로그램을 녹화했다고 전하
자 보고 싶다고 말했다. 프로그램을 보는 내내 선생은 미간을 찌푸
리고 초조한 듯 연신 담배를 피워댔다.

"정말 심하군요. 존경하는 마음을 담아서 그를 대해야 하는데 이
렇게 취급하다니……"

아브라모프 선생은 책장 안쪽에서 두툼한 파일을 꺼냈다. 거기에
는 페렐만 박사의 고등학교 시절 사진과 오려낸 신문기사, 그리고
당시 시험 답안지까지 깔끔하게 보관되어 있었다. 얼마나 소중하게
간직했던지 파일에는 티끌 하나 없었고, 사진의 보관 상태도 좋았
다. 사진 속의 소년 페렐만은 지금보다 조금 통통하게 살이 올라 있
었고, 머리도 단정하고 짧았다. 친구들에게 둘러싸여서 즐겁게 웃는
장면이 많았다.

"그는 다양한 분야에 관심이 있었습니다. 어떤 화제든 말수는 적
었지만 대화가 끊기지 않았죠. 한마디로 박식했습니다. 운동은 잘
못했지만 산책은 좋아했어요. 우리는 자주 산책을 하면서 수학에 관
해 이야기를 나누었습니다. 그는 때때로 나를 놀라게 하는 말을 아
무렇지 않게 꺼냈습니다. 예를 들면 '누군가 내 귀에 대고 해법을 속
삭이는 것 같은 기분이 들어요.' 라고 말이죠."

가장 뛰어났던 제자에게 도대체 무슨 일이 일어난 것일까. 아브라
모프 선생도 박사가 모습을 감춘 이유는 짐작이 가지 않는 듯했다.

"'재능이 많은 사람은 그 재능을 인정해야 한다.' 는 말이 있습니

▶ 아브라모프 선생이 가리키는 사람이 소년 시절의 페렐만 박사

다. 천재란 어딘가 다른 점이 있습니다. 그런데 지금의 러시아 분위기는 페렐만에게 관용을 잊은 것 같습니다. 왜 그가 세상과 거리를 두어야 했는지, 도대체 무슨 일 때문인지, 경의를 가지고 그 이유를 생각해야 합니다.”

우리는 페렐만 박사가 버섯을 딴다는 소문이 있는 상트페테르부르크 교외의 숲을 찾았다. 그러나 5월의 숲에서는 페렐만 박사의 모습은 물론 버섯을 찾아내는 일조차 어려웠다.

박사는 왜 영예를 등지고 모습을 감춘 것일까?

‘고결한 수학자’, ‘완벽하기까지 한 성실함’, ‘수학은 그의 인생 자체’ ……. 페렐만 박사를 아는 수학자들이 한 말의 진의는 확실하지 않지만, 거기에는 박사의 실종에 얽힌 수수께끼를 풀 수 있는 힌트가 숨어 있는 느낌이 들었다. 우리는 수학에 관해 아직 중요한 뭔가를 모르는 건 아닐까.

박사가 모습을 감춘 진짜 이유를 알기 위해서는 푸앵카레 추측이란 과연 어떤 난제인지, 그리고 그 난제가 100년 동안 어떤 운명을 겪었는지 알아야 했다.

우리는 일단 상트페테르부르크에 이별을 고했다.

제 2 장

푸앵카레 추측의 탄생

Poincaré conjecture

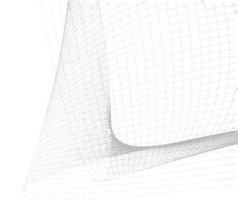

｜ 자유로운 수학을 사랑한 천재 푸앵카레 ｜

2007년 6월, 우리는 프랑스 로렌(Lorraine) 지방의 작은 도시 낭시(Nancy)를 찾았다. 시내의 한 고등학교에서 있을 푸앵카레 추측에 관한 특별 수업을 취재하기 위해서다. 강사는 파리 오르세(Orsay) 대학의 명예교수 발렌틴 포에나르(Valentin Poénaru) 박사로 이과 진학반의 100명 가까운 고등학생들을 대상으로 한 강의이다. 포에나르 박사는 교실에 들어오자마자 이야기를 시작했다.

"오늘 강의 내용은 푸앵카레 추측입니다. 그러나 본제에 들어가기 전에 먼저 푸앵카레에 관한 이야기를 조금 해 두는 편이 좋을 것 같습니다. 푸앵카레는 모든 학문을 다룬 최후의 과학자였습니다. 그는 당시 존재했던 수학의 거의 모든 분야를 다루었습니다. 게다가 그는 당시 매우 중요한 물리학자이기도 했습니다. 그리고 한 가지 더 짚어 두고 싶은 것은 푸앵카레는 위대한 철학자로서도 인정받았다는 점입니다. 실제로 철학서를 네 권이나 남겼습니다[1]. 그것은 지금도 고전으로 남아 있는데, 문장이 실로 아름다워 지금 읽어도 전혀 어색하지 않습니다. 과학적인 기술은 조금 낡았지만 철학적인 사고는 지금도 전혀 퇴색하지 않았습니다."

사실 이 고등학교 이름도 앙리 푸앵카레 고등학교다. 푸앵카레 추측을 낳은 수학자 앙리 푸앵카레가 나온 학교다. 안뜰 한가운데에 푸앵카레 흉상이 있는데, 학생들은 쉬는 시간마다 흉상 둘레에서 즐겁게 이야기를 나눈다.

우리는 특별 수업에 앞서 학생들이 위대한 선배를 얼마나 잘 알고 있는지 물어보기로 했다.

– 앙리 푸앵카레를 아니?

"물론 알죠. 레몽 푸앵카레(Raymond Poincaré)의 사촌이에요. 레몽은 프랑스의 정치가로 대통령이었죠."

▶ 앙리 푸앵카레(1854~1912)

– 푸앵카레가 무엇을 한 사람인지 알고 있니?

"푸앵카레는 어떤 정리를 발표했어요. 무엇인지 정확히는 모르지만 매우 중요한 이론을 발견한 것만은 틀림없어요. 이런 이야기를 할 수 있다는 것만으로도 그는 상당히 대단하다고 생각해요.

그는 천문학을 연구했고, 아인슈타인 박사의 연구도 도왔어요. 그리고 매우 위대한 사상가이기도 했죠. 물론 많이 구부러진 안경을 썼지만, 애초에 완벽한 인간이란 없으니까 상관없어요."

앙리 푸앵카레(Jules-Henri Poincaré)는 1854년, 프랑스 북동부 낭시에서 태어났다. 아버지 레옹 푸앵카레(Leon Poincaré)는 의학부 교수로 활동했고, 어머니 유제니 르노아(Eugénie Launois)는 아들의 교육에 열심이었다고 한다. 1862년 푸앵카레는 리세 낭시(lycée Nancy, 지금의 앙리 푸앵카레 고등학교)에 입학했다. 성적표를 보면 거의 모든 과목에서 수석이었지만, 음악은 그다지 잘 하지 못했고 운동은 잘 해야 평균이었다.

학창 시절 푸앵카레가 어머니에게 보낸 특이한 편지가 남아 있다.

어머니, 이게 제 감기 증상의 변화입니다. 처음에는 코가 막혔고, 점점 심해지다가 겨우 나은 것 같더니 이번에는 가슴이 아픕니다.

그러고는 감기 증상을 그래프로 나타냈다. 무엇이든 수학적으로 생각하는 버릇이 있었는지, 푸앵카레는 아는 사람들에게 편지를 보낼 때 대부분 독특한 그림과 그래프를 그렸다. 하지만 정밀하고 자세한 그림을 그리는 데는 서툴렀다고 한다.

▶ 푸앵카레가 어머니 앞으로 보낸 편지. 자신의 감기 증상 변화를 그래프로 나타냈다

푸앵카레는 그림을 못 그려서 미술 성적이 나빴습니다. 에콜 폴리테크니크(École Polytechnique, 파리 고등공업학교)에 다닐 때 보낸 편지를 보면 그가 디자인을 열심히 연습했다는 것을 알 수 있습니다. (낭시 대학, 게르하르트 하인츠만 교수)

머지않아 푸앵카레는 수학뿐만 아니라 생물학과 철학 등 모든 학문을 터득해 레오나르도 다 빈치와 아이작 뉴턴과 나란히 '지(知)의 거인'이라고 불린다.

동시대 수학자인 장 가스통 다르부(Jean-Gaston Darboux, 1842~1917)는 "푸앵카레의 발상은 직감적이다."라고 평했다. 푸앵카레가 자주 그림을 그려서 설명하는 것은 그 때문이라고 한다. 확실히 푸앵카레는 세밀함에 무관심하고 논리를 싫어하는 면이 있었다. 논리

는 발명의 원천이 아니라 착상을 질서에 맞추는 수법에 지나지 않는다. 그는 논리가 착상을 방해한다고 믿었다. 그 때문에 푸앵카레는 수학이 논리학의 일부라고 믿었던 수학자 버트런드 러셀(Bertrand A. W. Russel, 1872~1970)[2]과 고틀로프 프레게(F. L. Gottlob Frege, 1848~1925)와 정반대의 사고로 격렬한 철학 논쟁을 펼쳤다고 한다.

| 형태의 수수께끼에 다가선 푸앵카레 추측 |

푸앵카레 추측이 탄생한 것은 현재에서 과거로 1세기를 거슬러 올라간 1904년으로 앙리 푸앵카레가 50세 때이다. 마침 당시 파리에서는 아르누보(Art Nouveau, 새로운 예술)가 거리를 물들이고 있었다. 거대한 버섯을 본뜬 램프, 표범의 몸통과 팔다리를 연상시키는 유선형 가구들……. 그것은 18세기 산업혁명 이후 유럽의 공업 디자인을 지배하던 '기계적인 직선'을 배제하고 식물과 동물을 모티프로 한 '유연한 곡선'을 주장하는 디자인의 혁명이었다. 아르누보의 거점 중 하나가 바로 푸앵카레가 태어난 낭시였고, 중심 인물은 푸앵카레와 같은 낭시 출신으로 '낭시파'라는 이름으로 유명한 유리 공예가 에밀 갈레(Emile Gallé, 1846~1904)와 돔 형제(Daum brothers)였다.

"여기 푸앵카레의 저서가 모여 있습니다. 모두 푸앵카레의 가족에게 받은 것입니다."

프랑스에서 푸앵카레 연구의 거점인 낭시 대학 자료실. 게르하르트 하인츠만 교수는 자랑스러운 듯 책꽂이에서 논문집을 꺼냈다. 1904년에 푸앵카레가 발표한 「위상기하학(Analysis Situs)으로의 제 5보족」. 여기에 '푸앵카레 추측'의 원문이 실려 있다.

"논문집 제목의 '위상기하학'은 푸앵카레가 정리한 수학의 한 분야로, 지금은 토폴로지(toplogy)라고 부릅니다. 이 논문에서 그는 자기 자신에게 질문을 던집니다. 오늘날 당연하다고 여기는 논문 형식, 즉 정리를 먼저 이야기하고 그 뒤에 증명을 쓰는 식은 아닙니다. 이것은 어디까지나 자신과 나누는 대화 형식으로, 우선 질문을 하고 그것에 스스로 답하는 문장이 끝없이 이어집니다. 논문 맨 마지막에서, 그는 후에 푸앵카레 추측이라고 불리는 한 가지 질문을 던집니다. 바로 이 부분입니다. '마지막으로 반드시 검토해야 할 문제가 하나 남는다. 기본군(fundamental group)이 영인 3차원 다양체(3 dimensional simpley connected manifold)가 3차원 구와 위상동형이 되지 않을 가능성이 있을까?'"

20세기의 '지의 거인'이 세상에 내보낸 뒤 100년이라는 긴 시간이 흐르고서야 겨우 풀린 푸앵카레 추측은 수학적으로 엄밀하게 표현하면 다음과 같다.

단일연결인 3차원의 닫힌 다양체는 3차원 구와 위상동형이라고 할
수 있을까?

도대체 이 질문은 우주의 형태와 어떤 관계가 있는 걸까. 앞으로
그 복잡한 설명을 듣기로 한다.

여기에서 다시 발렌틴 포에나르 박사의 특별 수업으로 돌아가자.
"푸앵카레가 누구인지 알았으면 이제 푸앵카레 추측의 세계로 여
러분을 안내하겠습니다. 푸앵카레 추측은 우주의 형태와 구조에 관
계된 수학 문제입니다."
포에나르 박사는 그렇게 말하고 빨간 밧줄을 꺼내서 벽에 비춰진
우주 영상 위 한 면에 빙 둘렀다.

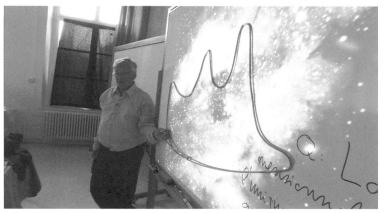

▶ 벽에 비친 우주에 밧줄을 두른 발렌틴 포에나르 박사

"누군가 긴 밧줄을 잡고 우주여행을 떠났다고 상상해 보세요. 그 사람이 우주를 한 바퀴 돌고 무사히 지구로 돌아왔다고 칩시다. 그때, 우주에 빙 두른 밧줄을 이런 식으로 지구에서 회수할 수 있을까요?"

포에나르 박사는 영상 위에 둘렀던 밧줄을 손으로 끌어당겼다.

"만일 밧줄을 회수할 수 있다면 우주는 둥글다고 말할 수 있습니다. 이것을 오늘날 '푸앵카레 추측'이라고 하는 것입니다."

우주에 두른 밧줄을 회수할 수 있다면 우주는 둥글다고 할 수 있다……? 정말이지 사람을 놀리는 이야기 같다. 푸앵카레 고등학교 학생들은 의아한 표정으로 조용히 있었다.

박사가 제안했다. 일찍이 우리 인류가 '지구의 형태'를 어떻게 생각했는지 그 이야기부터 설명하는 편이 결과적으로 푸앵카레 추측을 이해하는 지름길이라는 것이다. 이야기의 무대는 현대에서 단숨에 16세기 포르투갈로 날아갔다.

| 먼 저 지 구 의 형 태 부 터 |

"여러분은 유라시아 대륙의 가장 서쪽에 위치한 호카 곶(Cape Roca)을 가 본 적이 있습니까? 옛날 중세 사람들은 여기서부터 서쪽으로는 땅은 없다고 믿었습니다. 16세기의 포르투갈 시인인 카모에

스(Lois de Camões, 1524~1580)는 그 단애절벽에 서서 이렇게 중얼 거렸습니다. '여기에서 땅이 끝나고 바다가 시작된다.'

과학이 발달하기 이전의 사람들에게 지구는 무한히 펼쳐진 평평한 세계였습니다. 물론 과학자들은 '지구는 아마 둥근 공일 것이다.' 라 고 추측은 했지만 그것을 증명하지는 못했습니다. 수평선 너머에는 거대한 폭포가 있거나 높은 산이 솟아 있다, 뭐 이런 이야기를 믿는 사람이 훨씬 많았습니다.

'저 수평선 너머는 도대체 어떻게 되어 있을까?' 와 같은 의문으로 표현되었던 '지구의 형태' 는 당시 사람들의 호기심을 자극하는 가장 큰 수수께끼였습니다. 우리가 잘 아는 그 인물이 등장하기 전까지는 말입니다.

그렇습니다. 포르투갈 탐험가 페르디난드 마젤란(Ferdinand Magellan)입니다. 1519년, 마젤란은 다섯 척의 배를 이끌고 그때까지 아무도 해내지 못한 세계일주 여행에 도전합니다. 마젤란이 거느린 함대는 당시 인도로 가는 항로로 잘 알려진 동쪽이 아닌 반대쪽 서쪽 으로, 서쪽으로 나아갔습니다. 미지의 바다를 탐험하는 일은 쉽지 않 았습니다. 상상을 초월하는 난관 속에서 배는 한 척 두 척 줄어갔습니 다. 마젤란 자신도 여행 중에 지금의 필리핀에서 숨을 거두었습니다.

그러나 3년에 걸친 항해 끝에 다섯 척 가운데 한 척이 출발점인 포 르투갈 동쪽으로 멋지게 돌아왔습니다! 역사상 최초의 위업을 달성 한 승조원 중 한 사람인 안토니오 피가페타(Antonio Pigafetta)는 항

해일지에 이렇게 썼습니다. '우리는 마침내 세계를 일주했다!'

그렇습니다! 마젤란이 목숨을 걸고 모험한 결과 지구가 둥글다는 것이 처음 실증된 것입니다."

여기까지는 여러분이 잘 아는 에피소드이다. 보통 우리가 '평평하다'고 알았던 지구의 모양이 실제로는 '거대한 공의 일부'였다는 것을 마젤란은 몸소 보여 준 것이다.

포에나르 박사의 이야기는 계속되었다.

"그런데 말입니다. 그로부터 약 400년 뒤, 우리의 천재 과학자 앙리 푸앵카레는 이렇게 생각했습니다.

'마젤란의 방법으로는 지구가 둥글다는 것을 증명할 수 없다.'

푸앵카레의 논리는 이랬습니다.

'만일 지구가 둥근 공 모양이 아니라면 어땠을까? 가령 북극과 남극을 관통하는 큰 구멍이 뚫린 도넛 같은 모양이었다면? 그렇더라도 마젤란의 함대는 같은 장소로 돌아올 수 있는 게 아닌가! 그러니까 같은 장소로 돌아왔다고 해서 이 세계가 동그란 공 모양이라고 단정할 수는 없다!'"

……대단히 뒤틀린 사고라고 생각할지 모른다. 하지만 푸앵카레가 활약한 20세기 초는 인공위성은 물론 비행기조차 존재하지 않던 시대이다. 북극점과 남극점을 본 사람은 아무도 없었다. 북극점에

도달하려면 1909년(미국의 피어리), 남극점은 1911년(노르웨이의 아문젠)까지 기다려야 한다. 다시 말해 당시에는 극점을 관통하는 거대한 구멍이 뚫려 있는지 아닌지 확인할 방법이 전혀 없었던 것이다.

그렇다고 푸앵카레가 마젤란의 업적에 이의를 제기했다는 기록은 없다. 푸앵카레는 모험가도 지리학자도 아닌, 어디까지나 수학자다. 당시 많은 사람이 '마젤란의 세계일주'는 곧 '지구가 둥글다는 것의 증명'이라고 생각했지만, 수학자 푸앵카레라면 그 논리에 반론을 제기했을지 모른다는 포에나르 박사 특유의 상상 같은 이야기다. 만약을 위해 짚고 넘어간다.

"여러분은 비행기도 인공위성도 없던 시대에 지구에 구멍이 뚫려 있는지 아닌지 알아낼 수 있는 방법이 무엇이라고 생각합니까? 푸앵카레는 이런 방법을 생각했습니다."

포에나르 박사는 지구의 두 개를 꺼냈다. 하나는 흔히 볼 수 있는 동그란 지구의이고, 또 하나는 한가운데 구멍이 뚫린 '도넛 모양'의 지구의였다. 박사는 실제 지구가 어떻게 생겼든 밧줄 하나만 가지고 알아보는 방법이 있다고 했다.

"먼저 머릿속으로 아주아주 긴 밧줄을 준비해서 곳에 섭니다. 그리고 밧줄 한쪽 끝을 곳에 단단히 고정시키고, 다른 한쪽 끝은 배에 묶습니다. 그리고 밧줄을 매단 배를 타고 긴 항해를 떠나는 것입니다.

배는 지구를 빙빙 돌아서 마침내 처음 출발한 장소로 되돌아옵니

▶ 밧줄을 매단 배가 호카 곶을 출항해서 지구를 한 바퀴 돌고 다시 제자리로 돌아왔을 때 그 밧줄을 모두 회수할 수 있다면 지구는 둥글다고 말할 수 있다

다. 자, 이제 여러분은 배에 묶었던 밧줄을 풀러 그것을 다시 곳에 고정시킵니다. 상상해 보세요. 여러분 손에 지구를 한 바퀴 도는 거대한 밧줄 고리가 쥐어져 있는 장면을! 이 밧줄을 끌어당겨서 모두 회수할 수 있다면 지구는 둥글다고 말할 수 있습니다. 푸앵카레는 그렇게 생각한 것입니다."

여기서 그렇게 긴 밧줄이 있을 리 없다고 질문할 수 있다. 물론 상당히 현실적인 의견이다. 그러나 이것은 어디까지나 사고실험(머릿속으로 하는 실험)이라고 받아들여야 한다. 자, 푸앵카레 고등학교 학생들과 힘을 합해서 상상의 밧줄을 당겨 보자.

도중에 밧줄이 히말라야 산맥에 걸렸다고? 하지만 히말라야의 높이 따위는 지구의 크기에 비하면 하찮다. 그러니까 그런 건 신경 쓰지 말고 계속 잡아 당겨 보자. 어떻게 될까. 틀림없이 밧줄을 회수할 수 있을 것이다.

"만일 지구에 두른 밧줄을 모두 회수할 수 있다면 지구는 둥글다고 말할 수 있습니다. 이 사고가 옳다는 것은 지구를 지구 밖에서 보면 단번에 알 수 있습니다. 하지만 푸앵카레의 사고가 참신했던 까닭은 지구 밖에서 지구를 보지 않더라도 그 모양이 둥근지 아닌지 밧줄 하나만으로 알 수 있다는 점이었습니다!

그렇다면 이번에는 만일 지구가 도넛처럼 생겼다면 어떻게 될지 상상해 봅시다. 지구에 두른 밧줄을 다시 잡아 당기세요. 그렇죠, 좋아요!"

이번에는 어떻게 될까? 그렇다. 무슨 일인지 밧줄이 회수되지 않는다.

그 이유는 지구 밖에서 보면 한눈에 알 수 있다. 이런 식으로 구멍 속으로 밧줄을 통과시켜서 두르면 밧줄이 지구에 걸려서 회수할 수 없다. 그리고 구멍을 따라 밧줄을 두른 경우에도 역시 회수할 수 없다.

이때 한 학생이 손을 들고 포에나르 박사에게 질문을 했다.

"선생님, 구멍을 둘레를 따라서 둘렀을 때는 밧줄을 회수할 수 있을 것 같은데요."

포에나르 박사는 이런 질문이 나올 줄 알았던 것 같다. 박사는 한 학생을 교단으로 불러서 함께 실연해 보였다.

"그러면 도넛 지구에서 시험해 봅시다. 밧줄을 회수할 수 있을까요? 밧줄을 짧게 해 가면……, 이런, 밧줄이 공중에 떠 있게 되는군요. 이래서는 회수했다고 말할 수 없습니다. 구멍 둘레를 따라 두른 밧줄을 회수하려고 하면 밧줄은 어떻게든 지구 표면에서 떨어집니다. 지구 표면을 따라서 밧줄을 회수하지 않는 한 지구의 모양을 알아냈다고 말할 수 없습니다."

현실적으로 생각해 보면 지구의 중력 때문에 공중에 떠 있는 채로 밧줄을 끌어당기기는 어렵다. 결국 지구의 구멍 둘레를 따라서 밧줄을 두른 경우에도 밧줄을 회수하는 것은 불가능하다.

▶ 지구 표면에서 밧줄이 떨어지지 않게 회수할 수 있어야 비로소 지구는 둥글다고 말할 수 있다

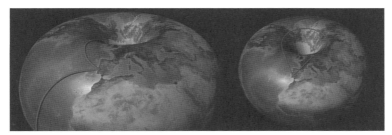

▶ 지구가 도넛 모양이라면 밧줄이 구멍에 걸려서 회수할 수 없다

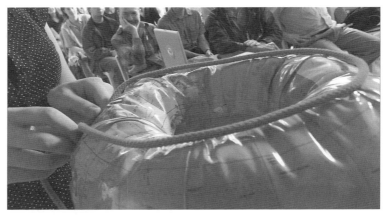

밧줄을 회수할 수 있다면 지구는 둥글고, 그렇지 않으면 둥글지 않다.

이 방법이라면 분명 지구를 지구 밖에서 보지 않고도 지구가 둥근지 아닌지 밧줄 하나로 알아볼 수 있다. 어떤가. 수학자의 상상력이 놀랍지 않은가.

| 우 주 의 형 태 를 알 아 내 는 방 법 |

"여러분, 우주는 강한 존재입니다. 지구와 달리 아무리 과학기술이 발달해도 우리가 우주 밖으로 나가는 일은 불가능합니다. 그러면 아까 지구 밖으로 나가지 않고도 지구의 모양을 알 수 있었던 것처럼, 우주 밖으로 나가지 않고도 우주의 모양을 알아볼 방법이 있을까요?"

포에나르 박사의 수업은 마침내 본제인 푸앵카레 추측 이야기로 들어갔다. 푸앵카레의 탐구심은 지구의 모양을 알아내는 방법에 만족하지 않고 우주의 모양을 알아내는 방법을 향하고 있었던 것이다.

푸앵카레가 우주의 모양에 빠져 있던 바로 그 무렵, 프랑스 영화 한 편이 공개되어 화제가 되었다. 쥘 베른 원작의 세계 최초 SF영화, 〈달세계 여행〉(1902)이다. 양철로 만든 우주 로켓이 국가의 위신을 걸고(?) 달로 발사되었는데 착륙할 때 달에 꽂혀서 달님이 울면서 아파한다. 지금 생각하면 놀랄 만큼 참신한 내용이다. 푸앵카레도 이 영화에서 어떤 힌트를 얻었을지 모른다.

"푸앵카레가 생각한 우주의 모양을 아는 방법, 그것은 다시 말해 우주 로켓을 사용하는 방법이었습니다. 푸앵카레는 자신의 머릿속에서 로켓에 밧줄을 묶어 우주공간을 향해 쏘아올린 것입니다. 로켓은 밧줄을 매단 채 자유롭게 우주공간을 날아다닙니다. 그리고 우주를 한 바퀴 돌고 무사히 지구로 돌아옵니다. 상상해 보십시오. 지금 여러분은 우주를 일주한 상상할 수 없을 만큼 거대한 고리를 들고 있습니다. 그리고 다시 밧줄을 잡아당깁니다. 그렇죠!

만일 아주 긴 밧줄을 모두 회수할 수 있다면 우주가 어떻게 생겼다고 말할 수 있을까요? 지금 현실에서는 불가능하지만, 우주 전체를 밖에서 볼 수 있다면……, 하고 상상해 봅시다. 만일 밧줄을 회수할 수 있다면 지구와 마찬가지로 우주공간은 구멍이나 터진 곳 없이, 그야말로 '둥그랗다'고 말할 수 있지 않을까요? 푸앵카레는 그렇게 예상했던 것입니다.

그런데 만일 밧줄을 당겨서 회수할 수 없다면 어떨까요? 그때는 우주공간을 관통하는 거대한 구멍이 있다고 생각해야 할지 모릅니다. 이럴 때 우주는 도넛 모양이지 둥그랗다고 할 수 없습니다."

이렇게 해서 오로지 밧줄 하나로 우주의 모양이 둥근지 아닌지를 확인할 수 있다고 푸앵카레는 생각했다.

이것을 수학적으로 표현한 것이 푸앵카레 추측이다. 1904년, 푸앵카레는 이 추측이 옳은지 수학계에 물었다. 그리고 그 추측이 옳다는 것을 증명하기까지 수학자들은 100년이 넘는 긴 시간을 쏟아 부어야 했다.

"물론 우주는 3차원으로 펼쳐져 있기 때문에 지구처럼 문제가 단순하지 않습니다. 하지만 푸앵카레 추측이란 요컨대, 이렇게 하면 우주가 둥글다는 것을 보여 줄 수 있지 않을까? 하는 질문입니다. '지구의 표면'이 '우주공간'으로 바뀜으로써 문제의 난이도가 비약적으로 높아진 것입니다."

푸앵카레 추측은 왜 어려운 것일까? 포에나르 박사는 그 이유를 두 가지 어려움이 혼재하기 때문이라고 한다.

하나는 "지구가 둥글다."는 것을 밧줄로 확인하는 방법이 당연하고 간단한 일이라고 생각해 버리는 것이다. 우리는 이미 지구가 "둥글다."는 사실을 알고 있다. 푸앵카레의 발상이 멋진 이유는 말하자면 '지구를 지구 밖에서 보지 않고 전체 모양을 상상할 수 없는' 상황에서 지구 모양을 확인할 방법을 찾았다는 데 있는데, 이미 지구가 둥글다는 사실을 아는 우리는 그것이 왜 멋진지 상상하는 것 자체가 어렵다.

또 하나는 우리가 우주의 모양을 절대로 상상할 수 없다는 것이다. 현대 과학기술로는 인류가 우주 밖으로 나갈 방법이 없기 때문이다.

포에나르 박사는 수업 마지막에 지구의에 개미 그림을 그려 놓고 이렇게 설명했다.

"지구 표면에 붙어 있는 개미가 지구의 모양을 아는 것은 매우 어려운 일입니다. 지구 밖으로 나갈 수 없기 때문이죠. 마찬가지로 인간은 우주 밖으로 나갈 수 없습니다. 그런데 푸앵카레는 우주 밖으로 나가지 않아도 우주가 어떻게 생겼는지 알 수 있는 실마리가 있다고 예상했던 것입니다."

이제 푸앵카레 추측이 왜 난해한지 조금이나마 느낄 수 있을까?

---

1) 푸앵카레는 『과학과 가설』, 『과학의 가치』, 『과학과 방법』, 『만년의 사상』이라는 네 권의 사상집을 출판했다.

2) 제1차 세계대전 때, 영국의 장군이 수학자 버트런드 러셀에게 "지금 프랑스에서 가장 위대한 인물은 누구인가?"라고 묻자 러셀은 그 자리에서 "푸앵카레입니다."라고 대답했다. 장군이 프랑스 대통령인 레몽 푸앵카레를 말하는 줄 알고 "오호라, 그 남자군 ……."이라고 대답하자 러셀은 "아닙니다, 수학자 앙리 푸앵카레입니다."라고 말했다는 이야기가 남아 있다.

우주가 둥글다고?

우주가 둥글다는 말을 들었을 때 여러분은 어떤 상상을 했을까? 어쩌면 "지구가 둥글다.", "귤이 동그랗다."고 할 때처럼 우주공간 전체가 3차원의 둥근 공 같다고 생각했을지 모른다. 또 어렸을 때 이런 의문을 품은 적이 있을지도 모른다.

"만일 우주공간이 3차원의 둥근 공이라면 우주에는 틀림없이 막다른 곳이 있을 터이다. 그렇다면 막다른 곳 밖은 과연 어떻게 되어 있을까?"

그렇다. 우주는 지구처럼 이해하기 쉬운 형태로 둥글 수는 없다. 이 책에서 말하는 "우주는 둥글다."는 말은 조금 복잡하기 때문에 우리와 친숙한 '지구'와 비교해서 생각해 보려고 한다.

우리가 "지구 표면은 둥글다."는 것을 실감하면서 사는 경우는 별로 없다. 어디까지나 평평하다고 생각해야 일상생활에 아무런 지장이 없기 때문이다. 지구의 표면이 정말로 평평하다면 그것은 무한히 이어진 평면을 의미하며, 그것은 어떤 지점에서 똑바로 걸어 나가면 결국 두 번 다시 같은 장소로 되돌아올 수 없다는 뜻이다. 하지만 지구 위에서 똑바로 나아가면 언젠가는 제자리로 돌아온다는 것을 우리는 잘 안다. 같은 장소로 돌아올 수 있다는 것은 실제로 지구가 둥글고 지구 표면이 닫혀 있기 때문이다(지구가 가운데만 구멍이 뚫린 도넛이라도 돌아올 수는 있지만 ……).

마찬가지로 우주가 둥글다면 우주공간을 똑바로 날아가면 자기도 모르는 사이에 같은 장소로 돌아올 수 있다. 지구에서는 '표면(2차원)'을 똑바로 걸어갈 수 있으면 원래 자리로 돌아오고, 우주에서는 '우주공간(3차원)'을 똑바로 날아가면 원래 자리로 돌아오는 것이다.

예를 들면 '둥근 우주'에서는 우주공간을 향해서 똑바로 발사한 총알이 어디에서 방향을 바꾼 것도 아닌데 머지않아 자신의 뒤통수를 때리는 일도 일어날 수 있다. 그러면 우주는 어디에서 뒤틀려 있을까? 전체상은 어떤 모양일까?

어려운 문제이다. 그것을 알기 위해 푸앵카레 추측이 있고, 수학이 있는 것이다.

푸앵카레 추측과 우주의 관계는?

수학의 명제인 푸앵카레 추측이 어떻게 우주의 형태와 관련이 있을까?

이상하게 생각하는 분을 위해 가능한 한 수학적인 표현에서 벗어나지 않으면서 푸앵카레 추측을 읽어보기로 한다.

본래의 기술은 "단일연결인 3차원의 닫힌 다양체는 3차원 구와 위상동형이다(Every simply connected, closed 3-manifold is homeomorphic to the 3-sphere)."

귀에 익지 않은 단어를 각각 조금씩 바꾸어서 말해 보자.

- 단일연결 = 표면에 밧줄을 둘렀을 때 반드시 회수할 수 있다.
- 3차원의 닫힌 다양체 = 4차원 공간의 표면
- 3차원 구 = 둥근 4차원 공간(4차원 구)의 표면
- 위상동형 = 같다

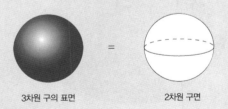

3차원 구의 표면   2차원 구면

전부 합치면 이렇게 바꿀 수 있다.

"밧줄을 걸쳤을 때 반드시 회수할 수 있는 4차원 공간의 표면은 4차원 구의 표면과 같다."

이렇게 해도 약간 복잡하므로 각도를 바꿔서 이야기해 보자.

지구와 귤처럼 동그란 공 모양의 물체는 수학적으로 '3차원 구'라고 부른다. 3차원 세계에 존재하는 구이므로 이 호칭에 위화감을 느끼는 사람은 적을 것이다. 그리고 이 3차원 구의 표면(지구에서 말하면 우리가 사는 지표. 귤로 말하면 껍질 부분)을 수학적으로는 '2차원 구면'이라고 부른다. 왜 2차원이라고 하느냐면 3차원 구의 표면에 있는 점의 위치는 두 숫자의 조합인 만큼 완전히 특정할 수 있기 때문이다. 지구에서 말하면 '위도'와 '경도'라는 두 숫자만 있으면 지표의 모든 위치를 설명할 수 있는 것과 같다. 따라서 '3차원 구의 표면은 2차원 구면'인 것이다.

수학적으로는 이와 똑같은 이치로 '4차원 구의 표면이 3차원 구'라고 할 수 있다.

결국 푸앵카레 추측에 나오는 3차원 구이라는 말은 '4차원 구의 표면'을 의미한다. 다시 처음 이야기로 돌아가자.

"밧줄을 걸었을 때 반드시 회수할 수 있는 4차원 공간의 표면은 4차원 구의 표면과 같다."고 바꿔 읽을 수 있는 푸앵카레 추측. 그것은 이른바 4차원 우주(공간)의 표면이 어떤 모양이냐에 관한 문제이다. 약간 까다롭지만 재미있지 않은가?

* 이 설명은 당연한 것 같지만 사실은 직관에 의존하고 있어 수학적 증명이 필요하다. 실제로 20세기 중반에 증명이 되었고, 그후 르네 톰(René Thom)이 일반 차원으로 확대해서 장대한 이론으로 발전시켰다.

제 3 장

고전수학 vs 토폴로지

Poincaré conjecture

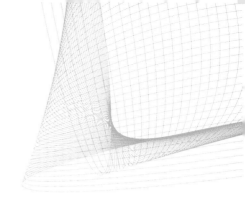

| 수 학 의 아 르 누 보 |

여러분은 지금까지 둥글다거나 도넛, 밧줄로 두른다는 이야기를 들으면서 이것이 정말 수학 이야기일까 하고 의문을 품었을지 모른다. 왜 X나 Y, 미적분, 어려운 기호는 나오지 않는 걸까? 하고 말이다.

확실히 푸앵카레 추측에 나오는 용어와 개념은 중고등학교에서 배운 수학과 상당히 다르다. 살짝 옆길로 빠져서 그 비밀을 밝혀 보자.

20세기 초기 수학자들, 특히 도형을 다루는 기하학 전문가들의 눈에 파리의 거리는 다음 장의 사진처럼 보였을지 모른다. 그렇다. X와 Y, 그리고 미분 기호가 지배하는 '미분기하학'의 세계이다. 미분기하학은 당시 기하학에서 주류의 사고였다. 지금 우리가 학교에서 수학시간에 배우는 도형도 여기에 기초한다.

이 미분기하학의 원류를 거슬러 올라가면 시대는 더욱 옛날인 17세기에 이른다.

영국이 자랑하는 만능 과학자 아이작 뉴턴은 수학과 생리학, 천문학을 자유자재로 다룬 '지의 거인' 이다. 뉴턴이 낳은 미분적분이 그 후 도형을 다루는 미분기하학의 기초가 되었다[1].

한편 뉴턴보다 200년 늦게 프랑스에서 태어나 뉴턴과 마찬가지로 생리학과 천문학을 공부한 20세기 '지의 거인' 푸앵카레는 이렇게 생각했다.

"미분기하학으로는 막연한 우주의 모양을 이해할 수 없다. 완전히 다른 발상이 필요하다."

이렇게 해서 태어난 것이 위상기하학[토폴로지(topology)]이라고 하는, 도형을 파악하는 새로운 방법이었다. 푸앵카레가 남긴 노트와

▶ 기하학 전문가에게는 파리의 거리가 이런 식으로 보였다?

▶ 푸앵카레가 남긴 노트 단편

논문에는 종래의 수학에서는 생각하지 못한 구불구불 구부러진 기묘한 모양이 빼곡히 들어차 있다. 우주의 형태를 묻는 푸앵카레 추측에는 이 정도로 참신한 수학이 필요했을지도 모른다.

하지만 그가 수학의 새로운 분야를 만들어 낸 것은 우연이라는 설도 있다.

> 푸앵카레가 그림을 잘 그리지 못했다는 것은 누구나 아는 사실이었습니다. 그림이 정확하지 않아서 O인지 △인지 구별조차 할 수 없었다고 합니다. 그것이 토폴로지의 성질과 맞아떨어진 것입니다.
> (낭시 대학, 게르하르트 하인츠만 교수)

푸앵카레는 길이와 각도의 미묘한 차이로 "모양이 다르다."고 규정하는 종래의 수학은 너무 엄격하고 딱딱하다고 생각했다. 그래서 스스로 자신의 약점을 역이용해서 견고한 고전적 수학과는 다른 세계를 구축하려고 했다는 것이다.

아르누보가 한창이던 20세기 초, 프랑스에서 태어난 토폴로지. 이 '구불구불한 수학'은 확실히 수학계의 아르누보였다.

이제 이 구불구불한 수학의 진수를 살펴보자.

| 토폴로지의 마법 |

"토폴로지의 세계에 오신 것을 환영합니다! 이것은 100년 전에 푸앵카레가 개척한 완전히 새로운 수학입니다. 토폴로지의 세계에서는 도넛과 커피 잔, 이 둘의 모양이 같습니다!"

앙리 푸앵카레 고등학교에서 특별 수업이 있은 지 일주일 뒤, 우리는 파리의 한 카페에서 발렌틴 포에나르 박사의 '과외 수업'을 촬영했다. 박사는 푸앵카레 추측을 이야기하려면 그 기초가 되는 '토폴로지'도 이야기해야 한다고 말했다.

"토폴로지에서는 어려운 방정식을 쓰지 않습니다. 사물을 파악하는 방법이 대략적이고 매우 유연합니다. 푸앵카레 추측이 언뜻 별나게 보이는 것은 그것이 이 새로운 수학인 토폴로지 분야의 문제이기 때문입니다."

거기까지 이야기하고 포에나르 박사는 볼이 미어지게 도넛을 먹었다.

포에나르 박사의 말로는 푸앵카레 이전의 옛날 수학, 바꿔 말하면 토폴로지 이전의 미분기하학에서는 사물의 모양을 자세하게 분류했다고 한다.

예를 들면 구와 원뿔과 원기둥. 이것들을 각각 '다른 도형'으로 정의한다. 또 같은 원뿔이라도 높이와 반지름이 조금만 다르면 역시 다른 도형으로 취급한다. 미분기하학은 거리(길이)와 각도가 다르면 "모양도 다르다."고 생각하는 이른바 '경직된 수학'이다.

우리가 학교에서 배우는 '모양'의 개념은 미분기하학에 기초한다.

하지만 놀랍게도 '유연한 수학'이라고도 부르는 토폴로지 세계에서는 구와 원뿔과 원기둥은 전부 '같은 모양'이 된다. 높이와 반지름

▶ 미분기하학에서는 이런 도형은 서로 다른 것이라고 여긴다

이 다르다는 이유로 같은 원뿔을 일일이 구별하지 않는다.

도넛에 이어 단숨에 홍차까지 마신 포에나르 박사는 본제로 들어 갔다. 눈앞 테이블 위에는 찻잔과 도넛 접시, 스푼, 그리고 찻주전자 가 나란히 놓여 있었다.

"여러분이 아는 옛날 수학에서는 이 테이블 위의 물체를 각각 다 른 도형으로 다룹니다. 그러나 토폴로지에서는 어떨까요? 이 테이블 위에 있는 물체를 토폴로지 시점에서 분류해 봅시다.

어떻습니까? 사실 스푼과 접시, 그리고 찻주전자의 뚜껑은 모두 같은 모양입니다. 찻잔은 아까 먹은 도넛과 같은 모양이고요. 그리 고 찻주전자 본체는 또 다른 모양입니다. 그 까닭은 이렇게 하면 알 수 있습니다."

박사의 말이 끝나자마자 테이블 위의 물체가 점토세공처럼 변형되 기 시작했다. 접시와 스푼, 그리고 찻주전자 뚜껑은 동그란 '구' 가 되 었다. 찻잔은 손잡이 구멍을 중심으로 변형되어 도넛 모양으로, 그리 고 찻주전자는 놀랍게도 구멍이 두 개 뚫린 도넛으로 변해 버렸다!

"어떻습니까? 푸앵카레는 세세한 모양의 차이는 신경 쓰지 않고, 구멍의 수가 같으면 같은 모양으로 보자고 제창한 것입니다. 토폴로 지에서는 구멍의 개수가 중요합니다."

박사가 갑자기 큰소리로 말했다.

"이런! 아까 내가 설명한 것에 오류가 있어요. 이 찻주전자 뚜껑에 뚫린 작은 구멍을 못 보았군요. 그러니까 이 찻주전자도 찻잔과 마

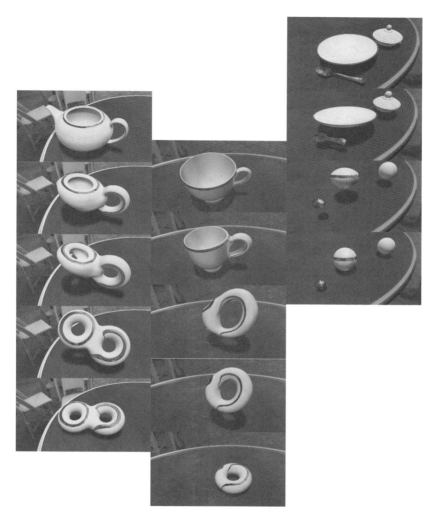

▶ 테이블 위의 그릇을 토폴로지로 분류하면 ······

찬가지로 도넛 모양입니다 …….

　종래의 수학이 단단한 쇠로 되어 있다면 토폴로지는 자유롭게 늘어났다 줄어들었다 하는 고무로 되어 있습니다. 그전까지 물체의 '양'을 문제 삼던 기하학이 '질'을 묻게 된 것입니다. 그야말로 혁명이었죠.

　눈을 감고 손으로 더듬어서 물체의 모양을 알아맞히는 장면을 상상하면 조금 이해하기 쉬울지 모릅니다. 만일 디자인이 완전히 똑같고, 크기만 조금 다른 찻잔이 두 개 있다고 칩시다. 손으로만 만져서 둘의 차이를 알아내기란 어려운 일입니다. 그러나 한쪽 찻잔의 손잡이를 떼어버리면 둘은 분명히 다르다는 것을 알 수 있습니다. 한쪽 찻잔은 손가락을 걸 수 있지만 다른 한쪽은 그럴 수 없으니까요.

　'구멍이 있다, 없다.'를 형태의 기준으로 삼으면 도넛과 찻잔은 같다는 것을 만져만 봐도 알 수 있고, 밥그릇과 찻잔은 다른 물건이라는 것도 알 수 있습니다. 이것은 조금 대략적인 설명일지 모르지만, 푸앵카레는 이렇게 물체 형태의 본질을 파악하는 데 멋지게 성공한 것입니다."

　테이블 위에 있던 찻잔은 흔적도 없이 사라지고 대신 흰 도넛만 남아 있었다. 박사는 그 구멍에 눈을 대고 들여다보며 장난스럽게 웃었다.

　"이 세상을 토폴로지의 시점에서 보면 풍경이 싹 바뀝니다."

　우리는 잠시 이 마법의 도넛을 빌려서 파리의 풍경을 '도넛'과 '구'로 바꾸면서 즐겼다. 여러분도 마법의 도넛으로 주위를 둘러보면 어떨까?

▶ 거리를 토폴로지의 시점에서 바라보자

│ 푸앵카레 추측이라는 악몽 │

소개가 많이 늦었는데, 발렌틴 포에나르 박사는 토폴로지 전문 수학자다. 1932년 루마니아에서 태어나 1962년에 프랑스로 망명했다. 미국 유학을 거쳐 파리 오르셰 대학에서 교수를 지냈다. 50년 넘게 푸앵카레 추측을 연구했고, 76세가 된 지금까지도 각지에서 정력적으로 강연 활동을 펼치고 있다.

– 페렐만 박사가 푸앵카레 추측을 증명했다는 소식을 들었을 때 어떠셨나요?

"그가 증명했다는 소문을 들었을 때, 나는 어찌나 심하게 동요했는지 사흘 내내 아무 일도 손에 잡히지 않았습니다. 그 후, 열심히 나를 격려해 준 친구 덕분에 가까스로 자신을 되찾을 수 있었습니다. 그리고 '다시 일로 돌아가자. 그가 무엇을 했는지는 잊어버리고 내 프로젝트를 계속하자.'고 다짐했습니다."

– 푸앵카레 추측을 처음 안 것은 언제입니까?

"책 한 권을 만나면서부터였죠. 1930년대, 자이페르트(Herbert Karl Johannes Seifert, 1907~1996)와 트렐팔(William Threlfall)이라는 독일 수학자가 쓴 책인데, 그 책에서 두 사람은 푸앵카레 추측을 논했습니다. 내가 아는 범위에서 적어도 열 명 이상의 수학자가 이 책으로 푸앵카레 추측을 알았다고 합니다. 그리스의 파파키리아코풀로스(Christos Papakyriakopoulos, 1914~1976)도 그 중 한 사람이라고 생각합니다."

– 푸앵카레 추측의 매력은 무엇입니까?

"수십 년 전, 그것을 처음 접했을 때 직감했습니다. 지금은 왜 중요한지 알지만, 당시에는 막연히 '이것은 분명 중요한 문제다.' 라는 생각이 뇌리를 스쳤습니다.

솔직히 말해서 푸앵카레 자신은 이것이 중요한 문제라고 생각하지 않았을 것입니다. 실제로 그의 제자들도 중요하다고 인식하지 않았고, 사람들이 관심을 갖기까지 30년이나 걸렸습니다. 1930년대가 되어서야 유명해졌는데 수학자인 헨리 화이트헤드(Henry Whitehead, 1904~1960)와 허비츠(Witold Hurewicz, 1904~1956)가 본질적인 문제라고 이해하면서부터입니다.

보통 대수학이 표현하는 것은 기하학에 비해 대략적입니다. 푸앵카레 추측은 '대수학은 정말 기하학의 다양함을 모두 포용할 정도의 힘을 갖추었는가?' 라고 묻고, 실제로 그렇다고 말합니다. 작은 문제였다면 '그것은 참이다.' 라고 끝났을 것입니다. 하지만 푸앵카레 추측은 아인슈타인의 일반상대성이론과 양자역학을 포함해 모든 학문으로 이어집니다. 그렇기 때문에 이렇게까지 사람들을 매료시켜 온 것입니다."

푸앵카레 추측의 중요성을 '수학적'으로 설명해도 좀처럼 이해하기 어렵다. 그래서 포에나르 박사는 우주를 무대로 설명했던 것이다.

앙리 푸앵카레는 푸앵카레 추측을 내놓은 8년 뒤인 1912년, 58세의 젊은 나이로 세상을 떠났다. 레오나르도 다 빈치, 뉴턴과 함께 어깨를 나란히 했던 '지의 거인'은 결국 자신이 내놓은 그 난제를 풀지 못했다.

포에나르 박사는 푸앵카레가 논문 마지막에 적었다는 이상한 문장을 가르쳐 주었다.

"그러나 이 문제는 우리를 아득히 먼 세계로 데려갈 것이다(Mais cette question nous entrainerait trop loin)."

우주공간의 형태에 관한 질문을 던지는 푸앵카레 추측. 그것은 20세기 초 수학자에게는 너무도 참신한 문제였을지 모른다. 추측을 증명하기 위해 수학자들이 본격적으로 도전한 것은 1950년대, 푸앵카레가 문제를 제기한 지 반세기 가까운 세월이 흐른 뒤였다.

---

1) 19세기 말~20세기 초에 푸앵카레가 체계화한 '위상기하학'과 종종 비교되는 '미분기하학'의 창시자는 독일의 칼 프리드리히 가우스(1777~1855)라는 것이 수학계의 일반적인 사고이다. 하지만 아이작 뉴턴이 '지의 만능선수'로 푸앵카레와 자주 비교된다는 점, 일반적으로 '고전 수학의 상징으로 이미지하기 쉽다는 점'을 고려해서 이 책에서는 뉴턴을 등장시켰다. 어쨌든 뉴턴이 낳은 '미적분'이 미분기하학의 한 원류가 된 것은 틀림없는 사실이다.

제 4 장

1950년대 :

모비 딕에게 잡아먹힌 수학자들

Poincaré conjecture

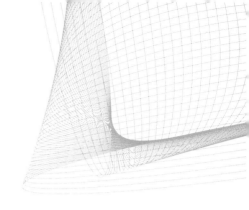

| 그 리 스 에 서 온 수 도 승 |

미국 뉴저지 주. 울창한 신록의 나무숲이 끝나는 지점에 교회를 연상시키는 건물이 모습을 드러냈다. 프린스턴 고등연구소. 수학과 물리학 이론을 추구하는 지식의 전당이다. 1930년에 창설한 이래, 알베르트 아인슈타인, 불완전성 정리[1]를 확립한 쿠르트 괴델(Kurt Gödel, 1906~1978), 그리고 일본의 이론물리학자 유카와 히데키(湯川秀樹, 1907~1981) 등 전 세계 일류 두뇌들이 이곳에 모여 새로운 학문을 논했다.

그리고 두 번의 세계대전이 끝나고 난 1950년대, 프린스턴 고등연구소는 같은 지역에 있는 프린스턴 대학과 함께 '새로운 교육', 토폴로지 연구의 성지가 되었다. 헨리 화이트헤드와 랄프 폭스(Ralph Hartzler Fox, 1913~1973) 그리고 레프세츠(Solomon Lefschetz, 1884~1972)가 거물 토폴로지스트(토폴로지 연구자)로서 이름을 날리던 그 시절, 특별한 지위에 있던 사람이 그리스 출신의 크리스토스 파파키리아코풀로스였다.

1958년, 내전으로 혼란스러운 조국 그리스를 떠나 미국으로 건너온 파파키리아코풀로스는 푸앵카레 추측을 풀겠다는 야망을 품었다. 그리고 1950년대 중반에는 푸앵카레 추측을 증명하는 데 발판이 되는 세 가지 중요한 정리를 해명한다. 그중에서도 '덴의 보조정리'라는 난제를 증명한 논문은 아름다운 해법으로 높은 평가를 받았다.[2]

파파가 제일 먼저 푸앵카레 추측을 해결할 것이라는 사실을 의심하는 사람은 아무도 없었다. 여기서 '파파'란 파파키리아코풀로스라는 이름이 너무 길어서 수학자들이 붙인 애칭이다.

푸앵카레 추측에 몰두한 것을 빼놓더라도 파파는 캠퍼스에서 유명인사였다. 지독하리만치 시간을 잘 지켰기 때문이다. 아침 8시, 카페테리아에 나타나 아침을 먹고, 8시 30분에 연구를 시작한 다음 11시 30분에 점심을 먹은 후 12시부터 다시 연구에 몰두한다. 오후 3시에 커먼룸(담화실)에 차를 마시러 나타났다가 4시에는 다시 연구실로 돌아간다 …….

당시, 프린스턴 대학 대학원에 다니던 실베인 카펠 박사(Sylvain Cappell, 현 뉴욕 대학 교수)는 아침에 학교에 올 때면 늘 같은 장소에서 파파를 보았다고 한다.

"아침마다 파파는 늘 이 좁은 길을 걸어서 수학동으로 들어갔습니

▶ 프린스턴 고등연구소와 수학자 파파키리아코풀로스

다. 그가 여기를 지나가면 곧 8시가 되었죠. 시계가 없어도 시간을 알
수 있을 만큼 정확했습니다. 항상 논문을 담은 작은 갈색 서류가방을
들고 ― 그 내용물은 절대 비밀이었지만 ― 언제나 활기찬 표정과 몸
짓으로 뭐라고 이야기하면서 걸었습니다. 떠오른 아이디어를 놓고
자문자답하는 것처럼 보였습니다. 정말 규칙적으로 생활하면서 내가
아는 한 모든 시간을 수학, 특히 토폴로지 연구에 쏟았지요. 그는 푸
앵카레 추측을 풀기 위해 다른 모든 것을 제쳐놓았습니다."

　당시 파파는 프린스턴 대학에서 교수직 제의를 받았다. 일주일에
세 시간만 수업을 맡으면 된다는 파격적인 조건이었지만 파파는 거
절했다. 연구원으로서 푸앵카레 추측을 증명하는 데에만 전념하고
싶었기 때문이다. 그리고 그 일로 파파는 주위 사람들과 점점 더 멀
어졌다. 쉬는 날에도 학교 근처 아파트에 틀어박혀 오로지 푸앵카레
추측과 씨름했다.

　늘 외톨이로 지내던 파파에게 어느새 '수도승'이라는 별명이 붙

었다.

"오전 내내 그는 거의 아무하고도 말을 하지 않았습니다. 점심도 혼자서 먹었지요. 때때로 나와 젊은 학생이 그에게 다가갔지만 방해받고 싶지 않은 눈치였습니다. 파파는 언제나 서둘러서 밥을 먹고 연구실로 돌아가고 싶어 했습니다. 책임감이 너무 강해서 사회가 자신에게 급료를 지불하고 연구비로 자신을 지원한다는 것을 의식했습니다. 교수직을 거절함으로써 학생의 교육과 통상 해야 할 잡무를 면제받았기 때문에 그는 그것을 특혜라고 받아들이고, 그런 특혜를 받은 이상 이 위대한 문제에 전력을 다해 언젠가는 반드시 풀어야 한다고 생각했던 것입니다."

토폴로지를 전공한 카펠 박사는 까다로운 파파가 아끼던 몇 안 되는 젊은이 중 하나였다.

"그때 나는 그의 아들이라고 해도 좋을 만큼 어린 나이였지요. 조심성 없는 젊은이였습니다. 그래서였는지 몰라도 파파는 기분이 좋으면 자주 내게 말을 걸었습니다."

오후 다과 시간은 파파가 유일하게 남 앞에 얼굴을 내미는 때였다. 프린스턴은 당시부터 오후 3시에 커먼룸에 모여서 홍차를 마시며 이야기를 나누는 전통이 있었다. 수학자든 물리학자든 역사학자든 전공을 불문하고 다채로운 연구자들이 모여서 최신 연구 성과를 이야기한다. 그때 파파의 행동 역시 평소와 조금도 다르지 않았다.

"그는 정확히 3시에 나타나 커먼룸 난롯가에 있는 똑같은 의자에

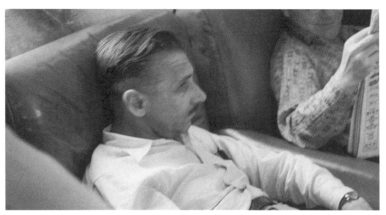

▶ 규칙적으로 하루하루를 보낸 파파

몸을 깊숙이 파묻고 늘 〈뉴욕 타임스〉를 읽었습니다. 다 읽고 나면 다른 사람이 읽을 수 있게 신문을 테이블 위에 올려놓고, 잠시 차를 마시며 사람들이 나누는 대화에 끼었습니다. 누군가 다가가서 말을 건네도 자기 이야기는 하지 않았습니다. 그는 자신에 관한 것이라면 철저히 비밀로 해서, 심지어 신문에서 어떤 기사를 읽었는지조차 다른 사람에게 알리고 싶지 않은 것 같았습니다. 어쨌든 한 문제에 집중하기 위해 주위 사람에게 방해받지 않기를 바라는 것 같았습니다."

친했던 카펠 박사조차 파파의 철저한 비밀주의에 놀란 것 같았다.

"파파는 논문 원고도 서랍에 넣어 두었습니다. 어느 날, 서랍을 살짝 열어서 내게 보여 주었는데 곧바로 탁 하고 닫아버렸습니다. 가끔은 자신의 연구를 다른 사람에게 이야기하지도, 의논하지도 않는 모습이 쓸쓸해 보였습니다. 왜냐하면 수학 생활의 큰 즐거움 중 하나는 교류이기 때문입니다."

| 독일에서 온 젊은 라이벌 |

카펠 박사 말로는 아주 드물게 파파가 티타임에서 눈을 빛낸 적이 있다고 한다. 그것은 '푸앵카레 추측을 연구하는' 젊은 수학자가 나타났을 때였다.

"방문객이 자기와 같은 영역을 연구한다는 것을 알자 파파는 흥분했습니다. 그래서 그 수학자를 점심식사에 초대했습니다. 우습게도 손님과 이야기하는 것은 내 몫이었습니다. 장소는 늘 그렇듯 프린스턴 고등연구소 카페테리아. 손님을 접대할 장소라고는 도저히 생각할 수 없는 곳이지만 그에게는 중요한 공식석상이었던 것입니다."

당시 '덴의 보조정리'를 해결한 파파키리아코폴로스에게 자극받아 푸앵카레 추측에 도전하기 위해 프린스턴에 모여든 젊은 수학자는 적지 않았다. 독일 출신인 볼프강 하켄 박사도 그 중 한 사람이다.

하켄 박사라고 하면 고개를 끄떡이는 사람이 적지 않을 것이다. 세계적으로 유명한 난제인 '4색 문제'를 해결한 사람이기 때문이다. "네 가지 색만 있으면 전 세계 지도를 칠할 수 있다."는 이 명제는 1852년에 프랜시스 구드리(Francis Guthrie, 1831~1899)가 제기한 뒤 오랫동안 풀리지 않았다. 그런데 1976년, 하켄 박사와 케네스 아펠(Kenneth Appel) 박사가 당시에는 드물었던 전자계산기(아직 컴퓨터라고 부를 만한 물건은 아니었다)를 사용해서 해결을 선언한 것이다. 하지만 계산기라는 블랙박스를 사용한 증명 결과에 전혀 오류가 없었다고 말할 수 있을까? 애초에 인간이 모든 과정을 체크할 수 없는 엄청난 증명을 인정해도 좋을까? 당초 이 증명은 많은 사람이 의문을 제기해 수학계에 큰 논란을 불러일으켰다.

어쨌든 하켄 박사가 프린스턴 고등연구소로 왔을 당시, 그는 아직 젊은 토폴로지 연구원에 지나지 않았다. 푸앵카레 추측에 가장 가까이 다가간 남자라는 소리를 들었던 파파와 그 뒤를 쫓는 하켄 박사는 머지않아 서로 격렬한 논쟁을 벌이게 된다.

2007년 7월 어느 날 아침, 우리는 미국 시카고 시의 교외에 사는 볼프강 하켄 박사를 찾았다. 박사의 자택은 벌집을 쑤셔놓은 듯 소란스러웠다. 근처에 사는 손자들이 놀러왔던 것이다. 한 아이가 카드게임을 하고 싶다고 조르자 다른 아이는 바이올린을 켤 테니 들어달라, 또 한 아이는 마당에서 트램펄린을 하고 싶다며 제각각 요구했기 때문에 박사는 당황스러워하고 있었다.

하켄 박사는 10년 전에 일리노이 대학을 정년퇴임하고 집에서 수학 연구를 계속하고 있었다. 1남 2녀에 여덟 손자를 둔 박사는 '시간에 쫓기지 않고 수학과 씨름하는 지금이 인생에서 가장 행복한 시기'라고 여러 번 말했다.

박사는 우리를 2층 서재로 안내했다. 책상에는 큰 우주의(宇宙儀)와 노트북 컴퓨터가 놓여 있고, 컴퓨터에서는 끊임없이 어떤 계산 결과가 쏟아져 나오고 있었다. 박사의 연구와 컴퓨터는 지금도 깊은 관계가 있는 것 같았다. 사실 하켄 박사는 페렐만의 증명이 실패로 끝났다면 "푸앵카레 추측은 틀렸다."는 것을 직접 증명할 계획이었다고 한다.

수학에서는 통상 어떤 명제가 참(옳다)이라는 것을 증명하려면 모든 상황에서 '반드시' 명제가 성립하는, 빈틈없이 완벽한 논리를 구성해야 한다. 그런데 반대로 명제가 거짓(틀리다)이라는 것을 보이려면 '반례'라고 부르는, 논리의 오류를 보여 주는 구체적인 예를 하나만 발견하면 된다. 만일 푸앵카레 추측이 '거짓'이라면, 컴퓨터로 엄청난 계산을 해서 운이 좋으면 반례를 찾아낼 가능성이 있다는 것이 박사의 구상이었다.

"설마 페렐만이 성공하리라고는 생각하지 않았습니다. 나는 컴퓨터로 푸앵카레 추측 연구를 재개할까 망설이고 있었는데, 늦게 결단을 내린 게 천만다행이었습니다. 이제는 푸앵카레 추측이 참이라는 것을 알았으니 시간을 낭비하지 않아도 됩니다."

푸앵카레 추측이 '참'이라는 것을 안 지금, 박사는 다시 이전의 진구렁에 빠지지 않게 된 것을 기뻐하는 것 같았다.

책장을 열자 약 50년 분량의 오래된 논문이 쌓여 있었다. 하켄 박사는 그 제목을 하나하나 짚어가며 보여 주었는데, 대부분 푸앵카레 추측과 관련된 것이었다.

"이것은 틀림없이 세 번째 추가 논문입니다. 증명의 중요한 부분이 좀처럼 풀리지 않아서 이렇게 그 일부만 발표했습니다. 그 후, 몇몇 논문을 계속 발표하면서 푸앵카레 추측의 핵심에 상당히 가까워졌다고 실감했습니다. 물론, 결국은 틀렸지만 ⋯⋯."

하켄 박사가 처음 푸앵카레 추측을 알게 된 것은 대학생 때였다. 처음에는 매우 쉬운 문제라고 생각했지만, 머지않아 한번 들어가면 결코 빠져나올 수 없는, 끝을 알 수 없는 늪 같은 존재가 되어 간다.

"푸앵카레 추측을 처음 보았을 때, 정말 간단해 보였습니다. '증명하지 못하는 것은 내가 바보이거나 충분히 노력하지 않았거나, 둘 중 하나'라고 생각할 정도였습니다. 젊었으니까요⋯⋯. 그것 말고

▶ 볼프강 하켄 박사

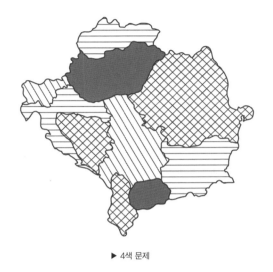

▶ 4색 문제

는 달리 할 말이 없습니다.

생각하면 4색 문제에도 비슷한 역사가 있습니다. 1900년대 초, 독일의 유명한 수학자 헤르만 민코프스키(Hermann Minkowski, 1864~1909)가 4색 문제 수수께끼를 듣고, '그렇게 쉬운 문제가 증명되지 않은 것은 틀림없이 일류 수학자가 나서지 않았기 때문'이라고 생각하고 직접 4색 문제를 증명하기 위해 뛰어들었습니다.

당시에는 아직 '괴델의 불완전성 정리'도 없던 시대였기 때문에 수학에서 해결 못할 문제가 있다는 사고조차 존재하지 않았습니다. 민코프스키는 '해결은 간단하다. 단지 사고가 방해를 받아서 어떻게 해야 할지 명확한 방법을 찾지 못했을 뿐'이라고 생각했습니다. 그러나 1년 동안 매달린 뒤에 그는 인정했습니다. '신은 우리가 계속 연구하기를 바라지 않으신다.'고. 수학자로서 성공하기 위해서는 어떤 의미에서는 상당히 낙관적이어야 합니다. 그러나 뛰어난 낙관주의자도 때로는 큰 잘못에 빠지죠."

┃ 라이벌끼리의 조용한 싸움 ┃

이 무렵, 하켄 박사와 파파는 우주공간에서 밧줄이 서로 얽히는 문제를 두고 고민에 빠졌다. 우주에 두른 밧줄을 회수할 때 밧줄이 서로 복잡하게 얽혀서 매듭이 생겼기 때문이다. 매듭 문제를 해결하지 않으면 푸앵카레 추측을 증명할 수 없다. 하지만 두 사람은 아무리 해도 그 방법을 알 수 없었다.

언제나 98%까지는 증명에 쉽게 도달하지만, 나머지 한 발자국 때문에 실패합니다. 하지만 또다시 궁리해서 해결책을 발견해서 한동안은 그것에 몰두합니다. 그 방법이 안 된다는 것을 알았을 무렵, 또 다른 아이디어가 떠오릅니다. 그렇게 해서 정신적으로 휘둘리면서 점점 깊이 빠져듭니다. 처음 가졌던 희망은 머지않아 절망으로 바뀌고, 마지막에는 자신의 분노를 조절할 수 없게 됩니다. 그것이 푸앵카레 추측의 덫입니다. (하켄 박사)

어느 날 실베인 카펠 박사는 드물게 파파에게 식사 초대를 받았다. 파파는 매우 흥분한 모습이었다고 한다.

"파파는 내게 '큰 진전이 있다. 푸앵카레 추측을 끝까지 증명한 것은 아니지만 그것에 매우 근접했다.'고 말했습니다."

그리고 몇 달 뒤, 학술대회에서 다시 만났을 때 그는 연구에 관해 한마디도 꺼내지 않았다. 아무래도 증명에 오류가 있는 것 같았다. 그 무렵부터 파파는 사람들 앞에 모습을 드러내지 않게 된다.

유일하게 그가 숨통을 틔우는 일은 주치의가 권한 영화 감상이었다. 때로는 수학을 잊고 다른 세계를 접하면 좋다는 말을 들은 것이다. 고지식한 파파는 의사의 충고에 따라 일주일에 한 번씩 프린스턴 대학 근처에 있는 영화관에 갔다.

"그는 매주 정한 시간에 영화관에 가서 맨 뒷자리에 앉았다고 합니다. 영화 내용은 무엇이든 좋았습니다. 어린이용이든 코미디든 포르노든. 그가 수학이 아닌 다른 일을 하는 유일한 시간이었습니다."

하지만 그러던 중에 충격적인 사건이 일어난다. 하켄 박사가 푸앵카레 추측을 증명했다고 선언한 것이다. 소식을 들은 파파는 심하게 동요했다.

파파는 초조해했습니다. 이전부터 푸앵카레 추측에 가장 근접한 남자라는 소리를 들었던 자부심과 주위 사람들의 기대로 남보다 먼저 푸앵카레 추측을 증명해야 한다고 자신을 다그쳤던 것입니다. (실베

인 카펠 박사)

　하켄 박사에게 정보를 흘려들은 수학 잡지에서 문의가 쇄도했다.

　"그 논문은 정말로 완벽해서 누가 봐도 증명에 성공했다고 믿었습니다. 곧바로 일류 잡지에서 '심사 없이 당신의 논문을 게재하고 싶다.'는 제안을 받았습니다. 증명이 참이라는 소문을 듣고, 그걸로 됐다고 판단한 것이죠. 다행히도 그때 나는 '아니다, 오류가 있을 가능성이 있으니까 누군가에게 논문을 심사받고 싶다.'고 대답했습니다."

　과연 논문 제출 이틀 전에 하켄 박사는 자신의 논문에 큰 오류가 있음을 발견했고, 다행히 늦지 않게 증명을 취하했다. 이 짧은 며칠 동안의 사건은 고지식한 라이벌인 파파의 신경을 심히 어지럽혔다.

　"증명이 마지막 순간에 무너진 것은 매우 부끄러운 일이었습니다. 다른 사람에게 지적받은 것이 아니라 스스로 오류를 찾아낸 것이 그나마 다행이었지요. 하지만 사흘 동안 잠 못 이룬 파파는 졸속으로 논문을 발표한 내게 불같이 화를 냈습니다. 나는 아무 말도 할 수 없었습니다."

　이 실패로 하켄 박사는 곤경에 처하게 된다. 논문 오류를 수정하려고 안달한 나머지 과식증에 걸린 것이다. 증명이 완성되지 않은 초조함을 주위 사람들에게 터뜨리는 일도 잦아졌다. 그래서 마침내 하겐 박사는 푸앵카레 추측 자체가 잘못됐다고 믿게 된다.

"나는 이렇게 생각했습니다. 푸앵카레 추측을 증명하는 데 98% 근접하기는커녕 훨씬 멀리 있는 건 아닐까. 어쨌든 아주 단순하고 특별한 예만 들어서는 참이라고 증명할 수 없으니까. 그래서 나는 체계적으로 반례를 찾기 위한 시도를 했습니다."

다시 말해 가령 우주에 두른 밧줄을 회수할 수 있다고 해도 그 우주가 둥글다고 단정할 수 없지 않느냐 하는 것이다. 하켄 박사는 당시 보편화되지 않았던 전자계산기를 사용해서 '밧줄을 회수할 수 있지만, 둥글지 않은 우주의 예'를 찾기 시작했다.

그러던 어느 날, 하켄 박사는 파파에게 자신의 아이디어를 밝혔다.

"내가 푸앵카레 추측이 틀렸을지도 모른다고 말한 순간 파파는 더없이 불쾌한 표정을 지었습니다. 그것은 말하자면 이 세상이 더는 파파에게 의미가 없다는 말과 같았기 때문입니다. 어쩌면 파파가 푸앵카레 추측에 품었던 신앙 같은 신념을 깨뜨리는 무서운 한마디였을지 모릅니다."

그 후로, 파파는 하켄 박사의 연구에 지나친 경계심을 품는다. 카펠 박사는 파파와 함께 하켄 박사의 강의를 들으러 갔을 때 파파가 얼굴을 붉히며 초조해하던 모습을 기억하고 있다.

"그때, 하켄 박사는 컴퓨터를 사용해 난제를 해결하자는 아이디어를 소개했습니다. 그러자 파파가 노골적으로 화를 냈기 때문에 나는

▶ 실베인 카펠 박사

그에게 '그렇게 흥분하지 마세요. 푸앵카레 추측에 관해서 이야기하
는 것은 아니니까 걱정할 일은 아닙니다.' 라고 말했습니다. 그러자
파파는 숨도 쉬지 않고 이렇게 말했습니다. '그의 진의를 모르겠나?
하켄 박사는 컴퓨터로 위대한 수학 문제를 풀 수 있다고 수학자들을
설득하려는 거야. 어쩌면 다음 주, 그들은 푸앵카레 추측을 컴퓨터
로 풀었다고 주장할지 몰라. 지금 저것을 받아들인다면 그때 가서
반론할 수 없을 걸세. 그들은 틀림없이 우리를 떠보는 거야.' 라고 말
했습니다.

　다음 주, 나는 커먼룸에서 늘 앉던 의자에 평온하게 앉아 있는 파
파를 보았습니다. 더는 초조해 보이지 않았습니다. 내가 '누군가 푸
앵카레 추측을 컴퓨터로 풀까 봐 걱정되지 않으세요?' 라고 묻자 그
는 차분하게 대답했습니다. '걱정했지. 하지만 주말 내내 생각했네.

그리고 수학은 스스로 방어할 것이라는 결론을 내렸다네.'

파파는 수학의 깊이를 믿었습니다. 수학은 오랜 세월 배양된 인류의 지혜가 모인 집합체로, 말하자면 그 자체에 생명력이 있다고 생각했던 것입니다."

그 무렵 카펠 박사는 파파에게 어떤 고백을 들었다.

"왜 그런 이야기를 했는지 지금은 기억나지 않습니다. 어느 날 그가 내게 말했습니다. '젊었을 때 그리스에 사랑하는 사람이 있었는데 부모님의 반대로 헤어졌다. 미국에 온 뒤, 이 유명하고 위대한 문제에 몸을 바쳐야겠다고 마음먹었고, 그것이 생활의 중심이 되었다.'고. 그리고 덧붙였습니다. '이 문제가 풀리면 조국으로 돌아가서 내게 어울리는 여성을 찾을 수 있을 것 같다. 그러기 위해서도 푸앵카레 추측을 빨리 증명해야 한다.'고.

나는 놀랐습니다. 파파는 오로지 푸앵카레 추측만 생각하는 사람이라는 이미지가 너무 강했기 때문입니다. 하지만 그도 예전에는 다른 사람들처럼 느끼고, 고민했던 것입니다. 나는 그에게도 가족이 있고, 이성 문제로 고민하던 시절이 있었다는 당연한 현실을 받아들였습니다. 그는 그런 감정을 줄곧 가슴 속에 묻어두고 지냈던 것입니다.

파파는 특정한 분야에 인생을 바치기로 결심한 독특하고 이상한 사람이었지만 공감과 동정이라는, 보통 사람의 감정도 지녔다는 사실을 나는 차츰 깨달았습니다. 그가 만일 다른 인생을 선택했다면 틀림없이 여성을 행복하게 해 주었을 것입니다."

자신의 인생을 걸고 "푸앵카레 추측은 참이다."라는 것을 증명하려고 애쓴 남자와 최신 과학 기술로 "추측은 거짓이다."라는 것을 밝히려고 계획한 남자.

하지만 이 대조적인 두 사람의 대결은 느닷없이 종말을 맞이한다.

파파가 위암을 앓다가 세상을 떠난 것이다.

그의 아파트에서는 쓰다 만 160쪽이 넘는 유고가 발견되었다. 3차원 우주를 다룬 책의 원고 같았다. 그중 한 장에는 '푸앵카레 추측의 증명'이라는 제목이 붙어 있었다. 하지만 그 뒷장은 모두 공백이었다고 한다.

파파, 다시 말해 파파키리아코풀로스 박사를 모델로 한 베스트셀러 소설이 있다. 바로 그리스 출신 작가이며 수학자이기도 한 아포스톨로스 독시아디스(Apostolos Doxiadis)가 쓴 『페트로스 삼촌과 골드바흐의 추측 *Uncle Pertos and Goldbach's conjecture*』[3]이다.

소설에 등장하는 늙은 수학자 페트로스는 일찍이 천재라고 칭송받는 인물이다. 어느 날 페트로스에게 젊은 조카가 "수학자가 되고 싶다."며 찾아온다. 페트로스는 그 조카에게 한 가지 문제를 내고 이렇게 말한다.

"이 문제를 풀 수 있으면 수학자가 되어도 좋다. 그러나 풀지 못한다면 포기해라."

조카는 간단한 문제라고 생각하고 의욕에 넘쳐서 문제에 도전한다. 하지만 아무리 생각해도 풀 수가 없다. 결국 조카는 페트로스와 약속한 대로 수학자의 길을 단념한다.

그러나 몇 년 뒤. 조카는 그 문제가 지금까지 아무도 풀지 못한 난제라는 사실을 알고 페트로스를 심하게 몰아세운다. 그 문제는 바로 천재라고 칭송받던 페트로스가 평생을 바치고도 풀지 못한 난제였던 것이다.

이야기 끝부분에 제정신을 잃은 페트로스는 난제가 풀린 환상을 보면서 죽는다. 조카에게 낸 문제는 수학계에 터무니없는 마귀가 산다는 경고였던 것이다.

푸앵카레 추측에 매달렸던 시간 역시 자칫하면 제정신을 잃을 수도 있었던 힘든 날들이었다고 하켄 박사는 회상한다.

그런 상황에서 박사를 지탱해 준 것은 역시 가족이었다.

"가족은 모두 나를 '푸앵카레 병에 걸린 환자'라고 불렀습니다. '요즘 아버지는 푸앵카레 병에 걸렸기 때문에 말을 할 수 없다.'는 식으로……. 하지만 그래서 다행이었습니다. 가족이 그렇게 넘어가 주지 않았다면 나는 점점 궁지에 몰렸을 것입니다. 가족이 만일 '아버지의 연구는 인류 역사상 가장 중요한 일이다.'라고 말했다면 틀림없이 끔찍한 최후를 맞았을 것입니다. 가족 덕분에 나는 무사히 일상 세계로 돌아올 수 있었습니다."

하켄 박사는 마침내 '푸앵카레 병'에서 탈출할 수 있었다. 놀랍게도 푸앵카레 추측 연구를 중단하고, 대신 다른 난제를 해결한 것이다.

"오랫동안 푸앵카레 추측이라는 하나의 문제에만 매달렸지만, 그 것은 아무래도 내가 풀지 못할 것이라는 사실을 깨달았습니다. 마침 그 무렵, 하인리히 회슈(Heinrich Hoesch)라는 수학자가 4색 문제에 도전해 보지 않겠냐고 연락해 왔습니다. 그의 말로는 내가 예전에 계산기 설정을 조금 변경해 보라고 말해 준 덕분에 갑자기 계산 효율이 20배나 좋아졌다고 했습니다. 나는 생각했습니다. '굉장해. 푸 앵카레 추측에 1년이라는 시간을 투자하는 것보다 4색 문제에 하루, 그것도 오후 시간만 내면 더 큰 진전을 볼 수 있다.' 그래서 바꿔 보 면 어떨까 하는 유혹을 느꼈습니다.

결국 나는 푸앵카레 추측에서는 절망의 구렁텅이로 떨어졌지만 4 색 문제에서는 눈부신 성공을 거두었고, 그것으로 마침내 푸앵카레 추측에서 벗어날 수 있었습니다. 푸앵카레 병이 더욱 심해진 것이 아니라 병에서 회복될 수 있었던 것입니다."

하켄 박사는 파파가 죽은 뒤 겨우 한 달 만에 4색 문제 증명에 성 공했다.

푸앵카레 병에서 벗어나기 위해 새로운 난제가 필요했던 박사. 수학자의 삶은 결국 '끊임없이 난제에 도전하는' 병에서는 벗어날 수 없는 것일까?

　두 수학자 이야기를 취재한 뒤, 우리는 프린스턴 대학의 공동묘지를 찾았다. 파파키리아코풀로스 박사가 묻혔을 가능성이 있다는 말을 들었기 때문이다.

　하지만 이 공동묘지에 묻혔다는 기록은 없다. 미국에 의지할 친척도 하나 없던 파파는 장례식조차 치르지 못했다고 한다. 생전에 친하게 지내던 수학자 중에도 그의 묘가 어디에 있는지 정확히 아는 사람은 없다.

　파파는 불행한 인생을 살았던 것일까? 카펠 박사는 이 점을 부정한다.

　"파파는 내게 자주 말했습니다. 자신의 인생을 다른 사람에게 권할 마음은 없지만, 나는 이것으로 좋았다고. 나는 그 마음을 이해합니다. 수학자가 난제에 빠져드는 마음은 누구나 똑같으니까요.

　수학자는 늘 즐거움과 고통이 함께 엮인 일상, 그리고 '특별한 수학의 세계' 사이를 오갑니다. 수학의 세계로 가는 문을 열 수 있는 사람은 정해져 있지만, 거기에는 영원한 진리가 있고, 모든 것을 이해할 수 있는 자만이 그 세계에서 완벽한 아름다움을 볼 수 있습니다. 수학자는 마치 미궁에서 길을 잃고 헤매듯, 크리스털 벽에 어지러이 반사된 아름다운 빛에 자신도 모르게 홀리는 것입니다.

많은 수학자를 능가하는 존재였던 파파는 자신의 인생 대부분을 '또 다른 세계'에서 보내기로 결심했습니다. 때때로 식사와 차를 마시기 위해 일상의 세계로 나오기도 했지만 ……. 그가 그 세계에서 발견한 최고의 보물은 푸앵카레 추측이었습니다. 최종적으로는 그 세계에서 돌아와 궁극의 아름다움을 찾았다고 보고하고 싶었을 것입니다. 얼마나 원통했을까요. 하지만 이건 과학의 세계에서는 흔한 이야기지요."

| 한 늙은 수학자의 술회 |

1950년대부터 1960년대까지, 푸앵카레 추측에 마음을 빼앗긴 수학자는 파파와 하켄 박사만이 아니다. 당시 프린스턴 고등연구소 교수였던 딘 몽고메리(Deane Montgomery, 1909~1992) 박사는 어느 주말에 수학자 세 명에게 각각 "푸앵카레 추측을 풀었지만 아직 비밀로 해 달라."는 고백을 듣고 그 진위를 밝히기 위해 애썼다고 한다.

헤아릴 수 없이 많은 수학자가 푸앵카레 추측의 마력에 빠져 인생을 허비했던 것이다.

미국 서해안, 태평양을 마주 보는 도시 버클리에 수학자 한 사람이 살고 있다. 존 스털링스(John Stallings) 박사로 72세다. 그 역시 푸앵카레 추측 연구에 반생을 쏟아 부은 사람 중 하나다.

"나는 아직도 페렐만의 증명이 참이라고 생각하지 않습니다."

박사는 퉁명스럽게 말했다. 푸앵카레 추측이 풀렸다는 소식을 아직 믿을 수 없다는 것이었다.

"옛일은 기억하지 못합니다. 지금은 수학보다 피아노만 치니까요."

몇 번이나 그렇게 말하고 박사는 취재진을 따돌렸다. 하다못해 피아노 연주만이라도 촬영하고 싶다고 부탁하자 겨우 승낙해 주었다. 단, 집은 치우지 않아서 지저분하다며, 박사는 옛날에 근무했던 US 버클리(캘리포니아 대학 버클리 캠퍼스)로 우리를 데려갔다.

여름방학이라 캠퍼스에는 학생들의 모습이 거의 눈에 띄지 않았다. 박사의 복장은 청바지에 운동화, 그리고 어깨에는 륙색을 걸쳤다. 수년 전까지 이 대학에서 교편을 잡았다고 생각할 수 없을 만큼 학생처럼 꾸밈없는 복장이었다. 하지만 심한 당뇨병을 앓고 있다는 박사의 걸음걸이는 몹시 위태로워 보였다.

대학 음악과의 허가를 얻어 연습실로 들어선 박사는 그랜드피아노 앞에 바르게 앉아서 짊어지고 있던 륙색에서 너덜너덜한 악보를 꺼냈다. 표지에는 브람스 발라드 10번이라고 적혀 있었다.

연주는 슬프고 장엄했다. 하지만 때때로 부드러운 나뭇잎 사이로 비치는 햇살 같은 느낌을 주는 이상한 곡조였다. 온화한 박사의 표정을 보면서 귀 기울여 듣고 있는데 갑자기 피아노를 연주하던 손이 멈추었다.

▶ 존 스털링스

"푸앵카레 본인은 많은 수학자가 실패하리라는 것을 알고 있지 않았을까 생각합니다. 많은 동료들이 푸앵카레가 남긴 예언대로 엉뚱한 곳으로 가 버렸어요."

"그러나 이 문제는 우리를 아득히 먼 세계로 데려갈 것이다(Mais cette question nous entrainerait trop loin)." 푸앵카레가 논문 마지막에 남긴 이 말을 스털링스 박사는 기억하고 있었다.

"재미있는 논문을 보여 줄까요?"

연주를 마친 스털링스 박사는 악보를 넣어온 그 가방에서 논문집 한 권을 꺼냈다. 어쩐지 처음부터 취재를 위해 준비한 것 같았다.

"제목은 '어떻게 하면 푸앵카레 추측을 증명하지 못할까?(How not to Prove the Pioncaré Conjecture)' 입니다."

30대 무렵에 발표했다는 그 논문에는 푸앵카레 추측에 도전했던 수학자라면 누구나 느끼는, 끝을 알 수 없는 공포가 담겨 있었다. 박사는 한 구절을 읽어 주었다.

"나는 내 증명이 틀린 것은 분명한데, 어디가 잘못 되었는지 오랫동안 알아차리지 못했다. 원인은 지나친 자신감과 흥분 상태, 아니면 오류에 대한 두려움 때문에 정상적인 사고가 방해받았기 때문이다. 젊은 수학자들은 이런 구렁텅이에 빠지지 않을 방법을 찾아내 주기 바란다."

난제 '푸앵카레 추측'은 지금까지 종종 1851년에 발표된 허먼 멜빌의 소설 『모비 딕』에 등장하는 거대한 흰 고래 모비 딕에 비유되었다. 소설에서는 에이햅 선장(고래에게 한쪽 다리를 잃고 의족을 한 채 자신의 다리를 문 고래를 잡기 위해 집념을 불태운다)과 선원들이 목숨을 걸고 고래에 맞서지만 결국 잡지 못하고 모두 바다에 빠져 죽는다.

스털링스 박사의 모습이 유일하게 생존하여 동료들의 무용담을 후세에 전하는 어부 이슈멜과 겹쳐 보였다. 젊은 날의 스털링스 박사에게도 푸앵카레 추측은 잡아야 할 사냥감으로 보였을 터이다. 그러나 어느새 푸앵카레 추측은 맞겨룰 수 없는 요물로 모습이 바뀌었다.

세기의 난제에 도전하는 일은 또다시 다음 세대로 넘겨졌다.

1) 괴델의 불완전성정리

쿠르트 괴델(Kurt Gödel, 1906~1978)이 1931년에 발표한 수학기초론과 논리학에서 매우 중요한 정리. 수학은 자신의 무모순성을 증명할 수 없다는 것을 보여 주는 정리로, 정확히 말하면 다음의 두 가지 정리로 되어 있다.

[제1불완전성정리]
어떤 논리체계에서든 그 논리체계로 만든 논리식 중에는 증명할 수도 반증할 수도 없는 명제가 존재한다.

[제2불완전성정리]
어떤 논리체계에서든 그것이 무모순일 때, 그 체계 안에서만큼은 체계의 무모순성을 증명할 수 없다.

"수학에는 증명할 수 없는 명제가 존재한다."는 것을 처음 보여 준 이 정리는 수학계에 헤아릴 수 없이 큰 충격을 주었다. "무모순성, 완전성 등이 한정된 관점(the finite point of view)에서 머지않아 증명될 것이다."라고 선언한 독일의 대수학자 다비트 힐베르트(David Hilbert, 1862~1943)의 낙관적인 기대를 저버리고 많은 수학자를 잠 못들 만큼 불안에 빠뜨렸다.

2) 덴의 보조정리(Dehn's lemma)

"경계상의 폐곡선이 공간 내부에서 한 점으로 축소된다면 그 폐곡선은 원판(圓板)의 경계가 된다."는 명제. 독일의 수학자 막스 덴(Max Dehn, 1878~1952)이 1910년에 발표했다.

3) 『페트로스 삼촌과 골드바흐의 추측』

우리나라에서는 『사람들이 미쳤다고 말한 외로운 수학 천재 이야기』와 『골드바흐의 추측』이라는 제목으로 번역되었다.

제 5 장

1960년대‥

클래식을 버려라, 록을 듣자

Poincaré conjecture

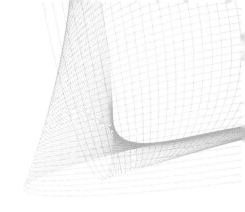

│ 시 대 를 석 권 한 수 학 의 왕 자 토 폴 로 지 │

평생을 걸고 도전해도 근접할 수 없는 난제 푸앵카레 추측. 이름난 수학자들이 무릎을 꿇을수록 그 이름은 더욱 높아졌고, 새로운 도전자들은 끊임없이 도전장을 내밀었다.

그리고 푸앵카레 추측과 함께 생겨난 새로운 수학 토폴로지도 1960년대에 들어 더 많은 젊은 수학자를 매혹했다. 토폴로지는 매듭 이론이나 그래프 이론, 부동점정리, 올 다발[1] 등 이름만 들어서는 도저히 수학이라고 생각할 수 없는 참신하고 매혹적인 연구 분야를 잇달아 만들어 냈다.

당시, 미국 동해안의 프린스턴 고등연구소, 프린스턴 대학과 함께 왕성한 토폴로지 연구로 유명했던 곳이 서해안의 명문 UC 버클리였다. 자유로운 학교 분위기로 이름난 UC 버클리는 전통과 제도 등 기성 가치관을 부정하는 히피 운동의 거점이었고, 1964년에는 그 후

전 세계로 확산된 학생운동의 원점이라 불리는 프리스피치 운동(교내에서의 정치활동 금지령에 반발한 학생들이 언론의 자유를 요구하며 일으킨 항의운동)을 낳았다.

기존의 체제에 불만을 느낀 젊은 수학자들에게 뉴턴을 원류로 한 고전적 수학은 낡고 색 바랜 존재였다. 토폴로지는 그야말로 낡은 수학을 능가하며 시대에 부응하는 최첨단 수학으로 뛰어오른 것이다.

당시 대학생이었던 존 모건 박사(현 컬럼비아 대학 수학과 부장)도 망설임 없이 토폴로지를 전공한 젊은이 중 하나였다.

"1960년대 중반, 토폴로지는 정말이지 '수학의 왕자'라는 품격을 갖추고 있었습니다. 훌륭한 정리가 잇따라 증명되어 놀랄 만한 진전을 보였지요. 그것은 대부분 푸앵카레 추측과 관계가 있었습니다. 다른 분야의 수학자들이 '토폴로지는 정말이지 모든 것을 증명하려 한다. 내 분야는 몇 년 동안 씨름해도 겨우 수풀뿐인데, 당신들 토폴로지 화단에는 아름다운 꽃이 흐드러지게 피었다.'며 우리를 부러워했습니다."

당시 토폴로지 전문가들이 필즈상 대부분을 휩쓸자 토폴로지는 수학계에서 급속히 영향력을 키워갔다. 그뿐만이 아니다. 토폴로지 발상은 마침내 수학 이외에도 과학과 사회에 응용될 것이라는 기대를 품게 했다. 르네 톰과 에릭 크리스토퍼 지먼(Eric Christopher Zeeman, 1925~)이 제창한 '카타스트로프(Catastrophe) 이론[2]'은 생물학과 경제학에 응용되면서 한 시대를 풍미했고, '그래프 이론'은 전기회로망, 정보이론, 신호이론 등 공학 쪽에 응용되었다. 최첨단 물리의 한 분야인 초끈이론(super-string theory)은 '호모토피(homotopy) 대수'라는 토폴로지 개념을 도입하여 비약적으로 발전했다.

그렇다. 그 무렵은 확실히 '토폴로지가 수학의 전부이고, 비틀즈가 음악의 전부'인 시대였다.

젊은 수학자들은 소리 높여 외쳤다.

"이제 클래식은 낡고 록의 시대가 왔다!"

| 푸앵카레 추측에 대한 기습 작전 – 스티븐 스메일 |

1960년대, 획기적으로 푸앵카레 추측 연구를 발전시키고, 토폴로지 황금시대의 문을 열었다는 평가를 받는 수학자가 있다. '차원의 벽을 깬 남자'라는 소리를 듣는 스티븐 스메일(Stephen Smale, 1930~) 박사다.

UC 버클리 교수였던 스메일 박사는 몸소 학내 반전운동 선두에 서는 등 유별난 행동으로도 유명했다. 한때는 동료와 요트를 타고 몇 달에 걸친 대항해에 도전했고, 또 어느 때는 "나는 연구실이 아닌 해변에서 중요한 정리가 떠올랐다."고 발언해서 물의를 일으키기도 했다.

수많은 전설을 만들어 낸 박사의 자택은 UC 버클리 근처 버클리 힐즈라는 완만한 구릉지에 자리 잡고 있었다. 샌프란시스코 만이 내려다 보이는 이 지역은 1년 내내 온난한 기후 덕분에 지내기 좋은 곳으로 손꼽히는 고급 주택가이다.

자택에 초대받은 우리는 조금 놀랐다. 편안한 색조로 통일된 가구와 해외에서 조금씩 사 모은 듯한 다양한 살림살이, 그리고 배경음악으로 흐르는 보사노바 ……. 연구에만 열중한 채 주위의 일에는 무관심한 수학자를 상상했기 때문일까, 구석구석 손길이 미친 깔끔한 집이 어쩐지 편안하지 않았다.

무엇보다 우리의 눈길을 잡아끈 것은 유리 상자에 가지런히 모아 놓은 광물이었다. 수정과 토르말린(tourmaline, 전기석), 보기 드문 모양의 금·은 결정 등 100점에 가까운 광물이 역광을 받아 눈부시게 빛을 반사했다. 스메일 박사는 아내인 클라라 여사와 함께 40년 전부터 전 세계의 광물을 수집하고 있다고 한다. '스메일 컬렉션'이라고 해서 수집가들 사이에서도 꽤 유명했다.

"이런 복잡한 모양의 광물과 형태를 다루는 수학 사이에는 어떤 관계가 있습니까?"라고 묻자 박사가 빙긋 웃으며 이렇게 대답했다.

"광물 수집의 첫 번째 목적은 투기를 위해서죠."

"……"

놀리려고 한 말일까. 순간 뭐라고 대답해야 좋을지 몰랐다.

박사는 일년 중 절반은 시카고에서 열심히 연구하고, 나머지 절반은 온난한 이곳 캘리포니아에서 휴가를 보낸다고 한다. 쉬는 동안 자유로운 발상이 떠오르는 것도 큰 즐거움 중 하나라고 말해 주었다.

　– 수학 아이디어는 주로 언제, 어디서 떠오르나요?

　"다른 과학과 달리 수학은 연구실이 필요 없습니다. 최근에는 컴퓨터를 많이 쓰는데, 수학은 기분 좋은 장소에서 동료와 함께, 아니면 혼자서도 연구할 수 있습니다. 나는 지금도 멋진 장소에 가면 창조성 넘치는 일을 할 수 있습니다. 아름다운 장소에서 회의가 열린다는 말을 들으면 그것이 참가하는 이유가 됩니다. 느긋하게 즐길 수 있기 때문이지요. 멋진 장소에서 수학을 생각한다는 건 즐거운 일입니다."

　– 운전을 하거나 전차를 탔을 때도 아이디어가 떠오릅니까?

　"장소나 시간은 상관없습니다. 이를테면 나는 고등학교 시절부터 체스의 명인이라는 소리를 들었습니다. 체스의 사고는 어떤 의미에서 수학과 매우 비슷합니다. 늘 친구들과 블라인드 체스를 즐겼지요. 블라인드 체스란 체스판 없이 입으로 말의 위치를 움직여서 대전하는 겁니다. 그러다 보니 나중에는 여럿이서 동시에 대전할 수 있게 되더군요. 머릿속으로 뚜렷이 보이므로 눈앞에 체스판이 없어도 체스를 할 수 있는 거죠. 내가 어떻게 수학을 생각하는지 상상할 수 있을 겁니다."

스메일 박사는 학창 시절을 보내면서 푸앵카레 추측과 어떻게 싸워야 하는지 지칠 만큼 오래 생각했다. 그래서 깨달은 한 가지 분명한 사실은 선배들과는 다른 방법으로 공략해야 한다는 것. 하지만 문제는 어떻게 하면 과거의 잘못을 피할 수 있는가 하는 것이었다.

"그때까지 나는 무수히 많은 실패를 경험했습니다. 아무리 뛰어난 수학자도 어김없이 똑같은 실패에 빠졌던 것입니다. 그래서 나는 어떻게 하면 성공 가능성을 높일 수 있을까를 생각했습니다."

다시 한 번 상기해 보자. 애초에 푸앵카레 추측이란 이런 것이다.

"밧줄을 매단 로켓을 3차원 공간인 우주로 쏘아 올려 우주를 한 바퀴 돌게 한 다음 다시 지구로 오게 한다. 그렇게 생긴 밧줄 고리를 회수할 수 있다면 우주는 둥글다고 말할 수 있다."

스메일 박사는 이 추측을 공략하기 위해 말도 안 되는 한 가지 방법을 생각해 냈다. 우주는 우주지만 '고차원 우주'에 로켓을 쏘아 올린 것이다.

"이 우주가 만일 3차원 공간이 아니라면 어떨까? 만일 차원이 높은 4차원이나 5차원 공간이라면?" 이렇게 생각한 것이다.

4차원? 5차원? 놀라는 것도 무리는 아니다. 3차원에 사는 우리는 평소에 그런 세계를 상상해 본 일조차 없으니까. 하지만 스메일 박사는 달랐다.

– 우리는 통상 3차원보다 높은 차원을 상상하지 못합니다. 수학자는 그보다 높은 차원을 어떻게 생각할 수 있나요?

"수학에는 3차원 공간이나 3차원 구를 기술하는 방법이 있습니다. 그 기술 방법에 따라 고차원으로 확장하면 됩니다. 사람들이 생각하는 것만큼 동떨어진 사고는 아닙니다. 수학의 세계에서 3차원의 정의를 응용하면 10차원도 어렵지 않습니다. 수학을 기술하는 방법을 자유롭게 구사하면 됩니다."

– 고차원 공간을 생각할 때 그 공간을 실제로 이미지화할 수 있다는 말씀입니까? 예를 들면 머릿속으로 '5차원'을 영상으로 그릴 수 있다는 건가요?

"아니요, 정확히 말하면 불가능합니다. 어디까지나 '수학적으로 본다.'는 것입니다. 3차원에서는 한 점을 세 개의 수로 나타냅니다. 좌표(x_1, x_2, x_3) 이렇게요. 이것이 5차원이 되면 다섯 가지 수(x_1, x_2, x_3, x_4, x_5)로 기술할 수 있습니다. 그것이 '수학적으로 보는 법'입니다. 수학적으로 3차원을 기술할 수 있다면 고차원으로 갈 때, 예를 들어 5차원인 경우 숫자 다섯 개를 사용하면 됩니다. 수학이라는 틀 안에서라면 고차원을 상상하는 것은 쉬운 일입니다. 20차원 공간의 도면을 무리하게 머리로 그릴 필요도 없습니다."

박사와 인터뷰하는 동안 큰 실례인 줄 알면서도 "말하는 것이 너무 어렵다 ……."고 생각했다. 영어를 알아듣지 못했다는 뜻이 아니다. 내용을 이해하지 못한 것이다.

그때 한 수학자에게 들은 말이 떠올랐다.

"수학은 언어다."

예컨대 수학자는 영어나 중국어와 마찬가지로 '수학언어' 라는 특수한 언어를 익힌 사람을 의미하는 말이다. 그렇기 때문에 그 언어를 터득하지 않으면 수학자가 하는 말의 진의를 이해하지 못한다. 다시 말해 수학적 기초를 웬만큼 배우지 않은 사람이 수학자와 같은 시점에 서는 일은 쉽지 않다.

스메일 박사가 말하는 '수학적으로 보는' 수준에 도달하기 위해서는 '수학언어' 를 상당히 많이 익혀야만 할 것이다.

'영어' 라는 언어의 장벽 저편에 더 큰 '언어' 의 장벽이 있다는 것을 의식하면서 질문을 이어갔다.

― 2차원이나 3차원 공간만 놓고 이야기한다면 있을 수 있는 우주의 모양을 생각할 때 그것이 족쇄가 될까요?

"네, 그렇습니다. 우주의 문제는 4차원 이상입니다. 시공이 이미 4차원이기 때문이지요. 그 이유만으로도 3차원을 뛰어넘는 것은 중요한 문제입니다. 물리학자들은 이미 100년 전부터 그런 생각을 하고 있었는데, 일부 수학자나 다른 분야의 학자들은 아직까지도 2차원이나 3차원 ― 우리는 이것을 저차원이라고 부릅니다 ―에 매달려서 평생을 허비하는 사람이 많습니다. 매달리는 것도 중요하지만 그것은

▶ 스티븐 스메일 박사

오히려 가능성을 제한하고, 수학이라는 개념이 진화하는 것을 방해합니다. 저차원하고 씨름하는 것이 무의미한 것만은 아니지만, 모든 차원에서 똑같이 기술할 수 있는지 생각하는 쪽이 훨씬 건설적입니다.

　- 교수님이 고차원과 씨름하는 이유는 무엇입니까? 좀 더 개방적이고 자유롭기 때문인가요? 도대체 무엇에 매료되셨습니까?

　"나는 모든 차원에서 생각하고 싶을 뿐입니다. 수학적 개념들은 대부분 모든 차원에서 성립해야 명확해지고 보편성을 가집니다. 1, 2, 3차원에 성립하는 개념을 공식화해서 모든 차원의 가능성을 추구하면 개념이 더욱 명확해집니다. 2, 3차원에만 한정된 논거로는 수학적 사고를 자유롭게 확대할 수 없습니다."

　이미 여러분도 이해했을 것이다. 수학자라는 사람들은 있지도 않

은 세계를 머릿속으로 만들어 내는 것을 정말 좋아한다는 것을
……. 그들에게 3차원의 '3'을 '4, 5, 6, ……'으로 늘려 가는 '사고
의 확장'은 그다지 어려운 일이 아니다. 아니, 오히려 일상다반사라
고도 할 수 있다. 3차원 공간을 이해할 수 있으면 수학적으로는 10
차원의 공간도 이해할 수 있다. 그렇게 해서 '실제 영상'이 아니어도
머릿속으로 '수학적 영상'을 만들어 낼 수 있는 것이다.

　오해해서는 안 될 것이 스메일 박사는 설명을 매우 잘하는 수학자
이다. 적어도 우리가 이해할 수 있는 말을 골라서 여러 번 되풀이해
서 해설해 준 덕분에 박사가 전하려 하는 핵심은 최소한 이해할 수
있었다.

| 고 차 원 으 로   떠 나 는   여 행 |

　스메일 박사의 전략은 먼저 우주공간을 5차원이나 6차원 등 실제
보다 높은 차원이라고 가정하고, 만일 '고차원에서의 푸앵카레 추
측'('고차원 푸앵카레 추측'이라고 부르기도 한다)을 제대로 해결할 수
있다면 차츰 낮은 차원으로 내려가서, 마지막으로 3차원 우주 문제
인 푸앵카레 추측을 공략하면 된다는 것이었다.

　그런데 과연 일부러 3차원보다 높은 차원을 생각했을 때 얻는 이
점이 있을까? 괜히 이야기만 복잡하게 만드는 건 아닐까?

하지만 거기에는 확고한 이유가 있었다. 그것은 일찍이 수많은 수학자를 고민하게 만든 '밧줄이 뒤엉키는 일'이 어쩐 일인지 고차원 우주에서는 일어나지 않기 때문이라는 것이었다.

스메일 박사가 생각하고 있는 것을 쉬운 예로 설명해 보자.

먼저 머릿속으로 3차원의 공간을 종횡무진 달리는 제트코스터를 상상해 보자. 제트코스터의 전체상이 머릿속에 그려졌으면 이번에는 지면으로 시선을 옮겨 바닥에 그려진 레일의 그림자를 보자. 레일의 그림자는 서로 교차해서 복잡하게 뒤얽혀 있을 것이다.

지면 위, 다시 말해 2차원 평면 위에서는 레일끼리 서로 꼬이고 얽힌 것처럼 보인다. 하지만 다시 시선을 3차원 공간으로 돌리면 어떤가. 물론 레일은 서로 부딪치지 않았다.

이해할 수 있을까? 2차원의 세계에서는 서로 충돌하는 레일도 그보다 차원이 높은 3차원의 세계에서는 서로 부딪치지 않는 것이다.

이와 마찬가지로 3차원 공간 속에서는 좀처럼 풀리지 않던 밧줄의 얽힘이 그보다 차원이 높은 5차원이나 6차원 공간 속이라면 간단히 풀린다는 것을 스메일 박사는 수학적으로 증명해 보인 것이다.

1960년, 스메일 박사는 겨우 세 쪽짜리 논문을 발표해서 세상을 깜짝 놀라게 했다. 제목은 「고차원에서 일반화된 푸앵카레 추측 *The Generalized Poincaré Conjecture In Higher Dimensions*」.

박사의 증명을 지금까지 했던 설명에 근거해서 말하면 이런 내용

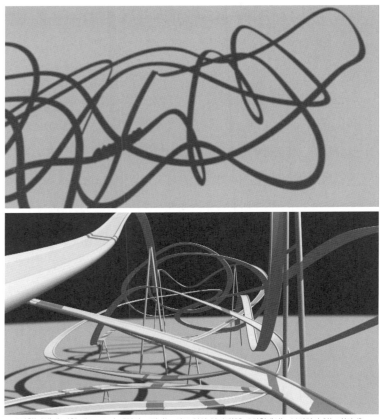

▶ 2차원(지상)에 비친 제트코스터 레일의 그림자는 서로 얽혀 있지만(위), 3차원에서는 부딪치지 않는다(아래)

이다.

"만일 N차원(N=3, 4차원 이외)의 우주에 두른 밧줄을 모두 회수할 수 있다면 N차원 우주는 둥글다."

이 증명은 '5차원보다 차원이 높은 우주'에 한해서만 성립하므로

3차원에서 기술된 본래의 푸앵카레 추측을 해결한 것은 아니었다. 하지만 고차원에서의 토폴로지 연구에 새로운 활로를 개척한 스메일 박사는 '차원의 벽을 깬 남자' 라는 멋진 별명을 얻었다.

논문을 발표한 당시, 박사는 브라질의 리우데자네이루 수학연구소에 적을 두고 있었다. 리우의 해안에 엎드려 있을 때 고차원 발상이 떠올랐다는 것은 너무나도 유명한 에피소드이다.

"전환점은 확실히 리우였습니다. 리우 해안이오. 나는 당시 역학계 문제와 토폴로지를 동시에 생각했습니다. 상미분방정식(ordinary differential equation, 미지함수가 독립변수를 한 개만 포함한 미분방정식—옮긴이)으로 다양체의 기울기 벡터의 역학을 생각했죠. 그때 토폴로지를 해명하는 데 유용한 다양체의 구조가 떠올랐고, 푸앵카레 추측 해결도 시야에 들어왔습니다. 그렇게 해서 역학계 시점(視點)에서 토폴로지를 목표로 한 시점으로 전환해 단 몇 주 만에 증명에 필요한 기본적인 아이디어를 얻었습니다."

3차원 우주 문제인 푸앵카레 추측을 높은 차원부터 순서대로 공략한다는 스메일 박사의 시도는 높은 평가를 받아 1966년 필즈상을 수상했다. 그해, 필즈상 수상식이 열린 모스크바 대학에서 스메일 박사는 또다시 '전설' 을 만들었다. "미국의 북베트남 폭격과 소련의 헝가리 침공에는 정의가 없다."(8월 26일자 〈뉴욕 타임스〉)고 발언하여 소련 당국에 연행된 것이다.

– 선생님이 1966년에 모스크바에서 필즈상을 수상했을 때 전해지는 에피소드가 한 가지 더 있죠?

"모스크바 대학에서 한 기자회견은 큰 혼란을 불러일으켰습니다. 인터뷰를 마치자 소련 사람이 정중하게 나를 붙잡았습니다. 그리고 곧이어 국제수학자회 책임자가 허둥지둥 달려와 — 대통령은 아니지만 — 어느 정부 고관이 나를 만나고 싶어 한다고 전했습니다. 거절할 이유는 없었습니다. 그들의 안내를 받으며 자리를 떠나는데, 친구와 보도진이 따라오려고 했지요. 하지만 나를 태운 자동차가 빠른 속도로 회의장에서 멀어져서 따라오기는 불가능했습니다. 그러고 나서 박물관으로 갔습니다. 그들은 친절했는데, 내게 책을 증정하거나 시내구경을 시켜주는 일은 직전에 결정한 것이 분명했습니다. 나는 무언의 압력을 받았습니다."

– 소련 당국이 교수님을 불러서 시내 구경을 시켜 준 이유는 무엇입니까?

"궁지에 몰린 것 같은 위기를 느꼈기 때문이겠죠. 예상하지 못한 사건이었으니까요. 내가 기자회견 자리에 소련 보도진도 불렀으니 어쩌면 조금은 예감했을지 모릅니다만, 당황했을 겁니다. 하지만 회견을 막지는 않았습니다. 내가 이야기를 끝낼 때까지 기다려 달라고 선언했으니까요. 게다가 주위에는 사람들이 아주 많았습니다. 어쨌든 나는 이야기를 마쳤습니다. 필즈상을 수상했던 터라 결국은 당국도 내게 아무 짓도 할 수 없었습니다."

  – 왜 교수님은 기회를 틈타 베트남 전쟁 이야기를 꺼내셨습니까?

  "회의 중에 북베트남 수학자와 이야기를 나눈 것이 계기가 되었습니다. 그 사람은 베트남 전쟁에 반대하는 내 의견에 관심이 많았습니다. 게다가 마침 북베트남 보도진이 인터뷰를 의뢰해 와서 내 의견을 말했을 뿐입니다. 그러나 한 나라의 보도진에게만 응했다고 오해받고 싶지는 않았습니다. 그래서 진실한 회견이 될 수 있도록 완전히 개방하여 다양한 보도진의 생각이 보도되기를 바랐습니다. 그것이 그때의 상황입니다."

  – 4년에 한 번 주는 필즈상을 수상했을 때 어떤 심경이었습니까?

  "전 세계, 특히 미국에서 큰 주목을 받았고, 수많은 대학에서 교수직 제의가 있었습니다. 매우 흥분했지요. 어쨌든 매력적인 자리를 제의받은 것이 내게는 가장 기쁜 일이었습니다."

  – 페렐만 박사는 필즈상 수상을 거부했는데, 같은 수상자로서 어떻게 생각하십니까?

  "그것은 내 스타일이 아닙니다. 나는 뭔가에 화가 나더라도 나 자신에게 상처 입히는 일은 하지 않습니다. 그의 분노를 이해할 수 없다는 뜻은 아니지만요. 아마 그는 상을 거부하는 게 마음 편했겠죠. 그 결정에는 아무 말도 할 수 없습니다. 나였다면 그렇게 하지는 않았다, 그 정도입니다."

어쩌다 이야기가 크게 빗나간 것 같았다.

어찌되었든 스메일 박사의 증명으로 푸앵카레 추측 연구에는 '고차원 우주'로 가는 문이 활짝 열렸다. 그 바로 뒤에 존 스털링스 박사가 완전히 다른 접근법으로 '7차원 이상의 우주'에서 푸앵카레 추측을 증명했고, 나아가 영국의 에릭 크리스토퍼 지먼 박사가 '5, 6차원 우주'에서 푸앵카레 추측을 증명해 보였다.

그리고 나아가 마이클 프리드먼(Michael H. Freedman, 1951~) 박사가 "가령 우주가 4차원 공간이라면 역시 밧줄을 얽히지 않은 상태로 회수할 수 있다."는 것을 증명해 역시 필즈상을 수상했다.

모두 푸앵카레 추측 자체를 해결한 것은 아니지만 당시는 "푸앵카레 추측만 다루면 필즈상을 받는다."(컬럼비아 대학, 존 모건 박사)는 분위기였다.

다시 말해 수학계에는 7차원→6차원→5차원→4차원으로 차례로 해결했으니 이제 3차원 우주 문제인 푸앵카레 추측을 해결하는 것도 시간 문제다라는 분위기가 감돌기 시작했다.

| 천 재 소 년 탄 생 |

스메일 박사가 모스크바에서 필즈상을 수상한 바로 그해, 소련 상트페테르부르크에서 한 사내아이가 첫 울음을 터뜨렸다.

그리고리 페렐만, 애칭은 그리샤. 부모는 유대계 이민자로 교육에 열심이었다. 수학 교사였던 어머니는 그리샤가 어렸을 때부터 수학 영재교육을 받게 했다고 한다.

그는 동네 아이들과 전혀 어울리지 않았고, 학교 행사에도 거의 참석하지 않았다. 그만큼 바빴기 때문이다. 학교 수업 외에 일주일에 두 번씩 수학 모임에 다녔고, 토요일과 일요일에는 거르지 않고 지역에서 열리는 수학 모의시험을 치렀다.

마침내 상트페테르부르크 제239고등학교(수학 · 물리 전문학교)에 진학한 페렐만은 그곳에서 놀라운 재능을 발휘한다.

교내 층계참에 게시된 우수 졸업생의 명단. 1982년이라고 적힌 아래에 '그리고리 페렐만'의 이름이 새겨져 있었다. 그해, 페렐만은 소련 국내 수학 콩쿠르에서 내리 이기면서 16세라는 최연소 나이로 국제수학 올림피아드 출전권을 따냈다.

뛰어나게 똑똑한 데다 남을 잘 챙기고 성격까지 밝은 페렐만은 어린 나이임에도 국제수학 올림피아드 팀의 리더를 맡았다.

"그는 워낙 잘 웃는 성격이라서 친구의 시시한 농담에도 웃음을 참지 못했습니다. 반면 야한 농담을 하면 얼굴이 새빨개지면서 화를 냈습니다. 친구가 곤란한 일을 겪으면 나서서 상담해 주는 성실한 소년이었습니다."

1982년, 부다페스트에서 열린 국제수학 올림피아드에서 소련 팀 단장을 맡아 전국에서 모인 수재들에게 한 달 동안 강화합숙을 지도

했던 알렉산도르 아브라모프 선생의 말이다. 당시 이 수학 올림피아드는 소련의 국위를 선양할 수 있는 중요한 무대였다고 한다.

"이것이 1982년 순위표입니다. 보시는 대로 우리 소련 팀은 끈질기게 싸웠습니다. 서독이 168점 중 145점을 얻어 우승했고, 우리는 1점차로 아깝게 2위에 머물렀습니다. 이어서 동독, 미국, 근소한 차이로 베트남이 뒤를 이었습니다. 상위 국가와 6위 이하 나라들의 점수 차는 상당히 컸습니다. 수학 올림피아드는 본격 스포츠를 방불케 하는 진지한 팀 경기였습니다."

국제수학 올림피아드는 각국 대표 네 명이 1인 42점 만점의 과제에 도전해서 팀의 점수를 합산해 승패를 겨루는 단체전이다. 당시 동서냉전의 한가운데 있던 것을 감안하면 상위에 오른 나라들은 매우 의미 있게 보인다. 이 해에 페렐만 소년은 만점인 42점을 얻어 개

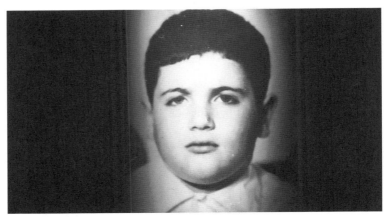

▶ 어린 시절의 페렐만. 애칭은 그리샤

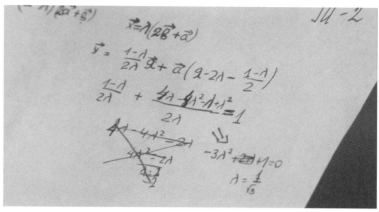

인 금메달을 획득, 팀의 선전에 크게 공헌했다.

　수학 올림피아드에 출장한 아이들 중에서도 페렐만은 한층 눈길을 끄는 존재였다. 문제를 푸는 속도가 뛰어나게 빠르고, 해답도 놀랄 만큼 짧고 간결했기 때문이다. 아브라모프 선생은 페렐만이 직접 쓴 답안지를 꺼냈다.

　"그리샤의 답안 초안을 보십시오. 같은 문제를 이렇게 여러 장의 종이에 푸는 학생도 있는데 그리샤는 단 세 줄로 증명을 마칩니다. 풍부한 상상력이 단순하고 아름다운 해법을 낳은 것입니다."

　– 수학의 해법은 짧으면 짧을수록 좋은 것입니까?

　"물론입니다. 그러나 아름답고 간결한 해결을 이끌어내는 것이 가장 어렵습니다. 재능이 있어야 합니다. 국제수학 올림피아드처럼 긴장이 최고조에 달하는 경쟁 무대에서는 더욱 그렇습니다."

옛 기억이 되살아난 것일까. 아브라모프 선생의 눈이 반짝반짝 빛났다. 소파에 앉은 선생은 장난기 어린 웃음에 제스처까지 섞어가며 이야기를 들려주었다.

"문제에 도전하는 그리샤에게는 재미있는 버릇이 있었습니다. 그는 문제를 다 읽으면 바지 허벅지 부분을 이렇게 문지르면서 상체를 앞뒤로 흔들기 시작합니다. 움직임은 점점 심해집니다. 하도 문질러서 바지 색이 변해 버릴 정도였지요.

그러다 문제가 생각보다 어려우면 작은 목소리로 멜로디를 흥얼거리기 시작합니다. 음악은 언제나 클래식이었는데, 그의 입에서 클래식 이외의 다른 멜로디를 들은 기억이 없습니다. 그러고 나서 겨우 펜을 들고 아주 짧게 답을 씁니다. 한 문제를 풀면 초콜릿을 한 입 베어 먹고 잠시 후에 다음 문제와 씨름합니다. 그런 식으로 되풀이하지요.

▶ 페렐만의 몸짓을 흉내 내는 아브라모프 선생

124

우리 수학 올림피아드 팀에서는 어려운 문제를 '죽음의 문제' 라고
부르며 두려워했습니다. 풀기 힘든 문제라는 뜻입니다. 그러나 '죽
음의 문제' 가 설령 몇 개씩 있어도 그리샤는 모두 풀었습니다. 그에
게 풀지 못하는 문제는 없습니다. 얼마나 자랑스러운 학생이었는지.
25년 동안 그를 잊어본 적이 없습니다."

페렐만은 늘 어려운 수학 문제를 풀어 왔다. 그래서 수학 올림피아
드에서 출제된 최상위 문제조차 어렵지 않게 풀 수 있었던 것이다.
페렐만은 이 무렵부터 "언젠가는 아무도 풀지 못하는 문제를 풀어
보고 싶다."는 꿈을 키워 나갔다.

| 천 재 수 학 자 의 있 는 그 대 로 의 모 습 |

우리는 페렐만 박사의 학창 시절 친구도 취재했다. 100년의 난제
를 해결한 그는 수학자로서의 기초를 어떻게 닦았을까. 어디에서 그
런 힌트를 얻었을까.
알렉산도르 가라바노프 씨. 40세인 그는 초등학교 때부터 고등학
교 때까지 페렐만 박사를 가까이서 지켜본 친구다. 현재 상트페테르
부르크의 교육위원회에서 일하며, 고등학생을 대상으로 수학을 가
르치기도 한다.

페렐만 박사의 집과 마찬가지로 결코 넓다고 할 수 없는 아파트에
는 요람과 아기 장난감이 가득했다. 부인이 임신 중이었는데 곧 둘
째가 태어난다고 한다. 가라바노프 씨는 시종 부드럽게 웃으며 취재
에 응해 주었다.

"그리샤는 당해낼 수 없었지만, 나도 다른 학생에게는 뒤지지 않
았어요."

가라바노프 씨도 일찍이 페렐만 박사와 함께 수학 올림피아드를
목표로 공부했던 신동이었다. 고등학교 시절 앨범에는 초등학교 무
렵의 사진도 들어 있어 천진난만했던 소년 시절의 페렐만 박사를 만
날 수 있었다.

"우리는 같은 수학 클럽이었기 때문에 일주일에 두 번씩 학교에서
클럽까지 먼 길을 함께 걸어갔습니다. 가는 도중에 배가 고프면 이
것저것 사 먹곤 했지요. 크론슈타트 거리에 있는 맛있는 피로시키(튀
김 만두 모양의 러시아 요리―옮긴이) 가게는 물론 길가에 늘어선 음식
점이란 음식점은 거의 섭렵했을 겁니다.

그리샤는 건포도와 호두를 넣은 값싼 롤빵을 자주 사 먹었습니다.
하지만 그는 호두를 정말 싫어했어요. 그래서 먹기 전에 호두를 모
조리 골라냈는데, 저는 장난으로 그리샤에게 자꾸 말을 걸었습니다.
그러면 그리샤가 대꾸를 하느라 호두 대신 건포도를 골라냈거든요.
그러다 그리샤에게 들켜서 맞기도 많이 맞았습니다."

▶ 소년 시절의 페렐만(좌)과 가라바노프

페렐만은 운동은 질색했지만 산책은 아주 좋아했다. 상트페테르부르크의 수학 클럽에서는 "학습 효과가 좋아진다."는 이유로 공부하는 틈틈이 산책하는 것이 의무였다. 페렐만도 산책을 즐겼다고 한다.

고등학교 때의 페렐만은 푸앵카레 추측은 물론 토폴로지에도 전혀 관심이 없었다고 한다. 그러나 가라바노프는 우리가 예상하지 못했던 뜻밖의 이야기를 들려주었다. 페렐만이 수학 이상으로 물리학에도 재능이 뛰어났다는 것이다.

"그리샤는 신에게 많은 재능을 받았습니다. 물리를 정말 잘 했거든요. 만일 국제과학 올림피아드에 출전했다면 틀림없이 거기에서도 만점을 받았을 겁니다. 하지만 수학 선생님은 수학 올림피아드에 내보내야 한다면서 다른 과목 선생님에게 압력을 가했습니다."

수학 올림피아드 직전에 실시한 강화 합숙에서도 페렐만은 팀원들과 함께 자주 숲으로 산책을 나갔다. 아름다운 자연과 접하는 동안 자연의 법칙을 해명하는 물리학에 관심이 싹텄는지도 모른다.

사실은 물리학에 가졌던 관심이 훗날 세기의 난제인 푸앵카레 추측을 푸는 가장 큰 열쇠가 되었다.

| 토 폴 로 지 는   죽 었 다 ? |

미국에서 토폴로지 황금시대는 1970년대까지 이어졌다. 그러나 토폴로지 최대의 난제인 푸앵카레 추측을 증명할 수학자는 결국 나타나지 않았다.

'차원의 벽을 깬 남자'라는 별명을 얻은 스티븐 스메일 박사가 생각한 고차원에서부터 순서대로 푸앵카레 추측을 공략한다는 작전도 4차원을 마지막으로 더는 진전되지 않았다. 박사의 흥미는 전혀 다른 분야로 옮겨가 있었다.

스메일 박사는 경제학과 컴퓨터 수학 등 폭넓은 분야를 연구했고, 지금도 토폴로지의 틀을 뛰어넘어 넓은 학문 분야에서 활약하고 있다. 하지만 왜 3차원의 푸앵카레 추측에 도전하지 않았을까?

"나 역시 3차원에서의 푸앵카레 추측에 도전했지만, 금방 그만두었습니다. 그 방법은 아마 쓸모가 없었죠. 문제를 해결하기 위해서는 분명히 뭔가 새로운 아이디어가 필요했습니다. 변명처럼 들릴지 모르지만, 당시 나는 물리의 이산 역학(discrete dynamics)과 2차원 구면 연구 쪽에 더 큰 매력을 느껴서 그쪽에 도전하고 싶었습니다. 새롭고 색다른 것에 관심이 있었던 것이죠."

4차원 우주 속에서 푸앵카레 추측을 연구하던 마이클 프리드먼 박사도 갑자기 아카데미즘의 세계에서 모습을 감추었다. 마이크로소프트사로 스카우트되면서 대학 교수에서 컴퓨터 과학 연구자로 변신한 것이다. 안타깝게도 프리드먼 박사는 취재하지 못했지만 그 사정을 잘 아는 존 모건 박사가 이런 이야기를 해 주었다.

"그가 왜 마이크로소프트로 갔는지는 잘 모르지만, 어느 날 이런 말을 했습니다. '나는 푸앵카레 추측을 4차원에서 증명했다. 수학계에서 이에 필적할 만한 도전을 할 마음이 이제 없다. 그때가 수학자로서 내 인생 최고의 절정기였다.' 고요."

토폴로지 황금시대의 수학자들은 머릿속으로 4차원과 5차원이라는, 눈에 보이지 않는 고차원의 우주를 생각해 내서 연구를 진행했다. 그러나 현실의 3차원 우주에 관한 푸앵카레 추측에는 결국 도달할 수 없었다.

수학자에게만 보이는, 고차원의 우주에서는 증명할 수 있는 푸앵카레 추측이 우리와 가장 가까운 3차원 우주에서는 아무리 해도 증명되

▶ 마이클 프리드먼 박사

지 않는다. 그 사실을 알아감에 따라 어쩐지 엄숙한 기분에 휩싸였다.

　일찍이 수학의 왕이라는 소리까지 들었던 토폴로지. 그러나 어느새 수학자들 사이에 이런 소문이 돌기 시작했다.

　"토폴로지는 죽었다."

1) 매듭 이론, 그래프 이론, 부동점 정리, 올 다발

[매듭이론(knot theory)]
밧줄의 매듭을 수학적으로 표현하고 연구하는 학문. 저차원(1~3차원)의 토폴로지가 주로 취급하는 이론으로, DNA나 분자 결정구조를 해명하는 데 응용하기도 한다.

[그래프 이론(graph theory)]
점과 그것을 연결한 선의 관계(이것을 그래프라고 부른다)가 가지는 다양한 성질을 추구하는 학문. 예를 들면 지하철 노선도는 실제 역의 모양과 노선의 길이, 구부러진 정도에 관계없이 그

'연결법'만을 정리한 전형적인 '그래프'라고 할 수 있다.

[부동점 정리(fixed point theorem)]
"구멍이 뚫려 있지 않은 도형 위에서 어떤 것이 흐를 때, 흐름이 멈춘 점(=부동점)이 하나 이상 반드시 존재한다."는 정리. 목욕탕에서 뜨거운 물을 휘저으면 소용돌이의 중심에 흐름이 없는 점 (부동점)이 나타난다. 태풍의 눈도 같은 성질을 갖는데, 부동점 정리는 그것을 수학적으로 설명한 개념이다.

[올 다발(fiber bundle)]
위상공간에 정의된 구조 중 하나로, 국소적으로 두 종류의 위상공간에 직적(直積, 두 집합의 원소를 하나씩 뽑아 짝을 짓는 일-옮긴이)으로 표현할 수 있는 구조.

2) 카타스트로프 이론(catastrophe theory)
역학계 분기이론의 일종을 다룬다. 어떤 사건 속에서 돌연변이가 일어나는 이유를 설명하는 획기적인 이론으로 주목을 받아 생물학과 경제학 등에 응용될 것이라는 기대로 왕성하게 연구되었다. 카타스트로프란 주기적으로 질서를 유지하는 현상 중에서 뜻하지 않게 발생하는 무질서한 현상의 총칭을 의미한다. 1970년대, 카오스 이론과 프랙탈 이론 등과 함께 일본에서도 잠깐 유행했던 말이다.

제 6 장

1980년대 :

천재 서스턴의 빛과 그림자

Poincaré conjecture

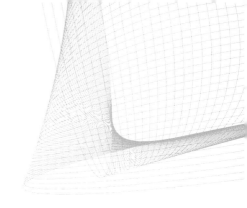

| 마 술 사 의 등 장 |

완전히 막힌 것처럼 보이던 푸앵카레 추측 연구. 그러나 한 수학자가 등장하면서 아무도 예상하지 못했던 새로운 길이 열렸다.

서스턴은 뛰어난 재능을 가진 인물이었습니다. 놀랄 만한 천재죠. 우리 수학자들 이야기를 들어보면 마치 마술사 같습니다. 그는 마법이라도 부리듯 자신의 모자에서 갑자기 멋진 아이디어를 꺼냅니다. (발렌틴 포에나르 박사)

윌리엄 서스턴(William Paul Thurston, 1946~) 박사를 이야기할 때 이렇게 흥분하는 사람은 포에나르 박사뿐이 아니다. 서스턴 박사의 기발하고 참신한 발상은 지금까지 수많은 세계 수학자를 놀라게 했다.

서스턴 박사는 미국 뉴욕 주 북부 학원도시인 이타카(Ithaca)에 산다. 근무지인 코넬 대학 외에 큰 대학 두 개가 더 있고, 풍부한 자연으로 유명한 곳이다. 작은 호숫가에 위치한 단독주택으로 박사를 찾아갔다.

2,000제곱미터쯤 될 것 같은 넓은 마당에 딸 제이드가 개와 함께 맨발로 뛰어놀고 있었다. 박사는 아이 방에서 아들 리암과 한창 노는 중이었다. 즐거워 보이는 부자의 모습을 촬영하고 있는데 서스턴 박사가 갑자기 카메라를 향해 납작한 세모 블록으로 뭔가를 만들기 시작했다.

– 무엇을 만드십니까?

"삼각형을 조합하면 복잡한 토폴로지(형태)를 만들 수 있다는 것을 보여 드리려는 겁니다. 지금 만든 모양은 잘 하면 3토러스(torus, 구멍이 세 개인 도넛)의 쌍곡기하가 됩니다. 푸앵카레 추측을 연구하는 사람들은 대부분 둥근 우주, 다시 말해 곡률(曲率)이 양(+)인 우주를 상정해 왔지만 현실 세계에서는 양의 곡률보다 음의 곡률을 가진 쌍곡기하가 많습니다."

서스턴 박사의 전문은 쌍곡기하학[1]이다. 쌍곡기하학이란 유클리드 공간[2]과 같이 '똑바른 공간'(곡률이 0인 공간)이 아니라 음의 곡률을 가진 구부러진 공간인 '쌍곡 공간' 안에서 정의되는 기하학이다. 말 안장 같은 형태가 그 전형이다. 이와 관련해서 '둥근 공간'(곡률이 양인 공간)에서 성립하는 기하학을 '구면기하학'이라고 부르며, 푸앵카레 추측에 나오는 '둥근 우주'도 이 기하가 성립하는 공간이다.

"쌍곡기하의 세계에서는 사물을 놓치기 쉽습니다. 이유를 설명하지요. 여러분은 지금 내게서 3미터쯤 떨어져 있습니다. 그 지점에서 뒤로 걸어가 내게서 더 멀어지면 당연히 당신의 모습은 작아집니다. 우리가 사는 유클리드 공간에서는 12미터 떨어지면 4분의 1, 24미터면 8분의 1의 크기가 됩니다. 두 배 멀어지면 크기도 절반이 되는 것이죠.

그런데 쌍곡 공간 속에서는 크기가 좀 더 급격히 작아집니다. 3미터에서 6미터로 멀어지면 크기가 절반이 되지만, 9미터 멀어지면 4분의 1, 12미터 멀어지면 8분의 1, 24미터라면 1,000분의 1, 60미터라면 100만분의 1이 됩니다.

만일 여러분이 내 아이였다면 금방 길을 잃을 테고, 나는 당황해서 어쩔 줄 몰라 하겠죠. 만일 비행기 조종사가 쌍곡 공간 속을 날고 있다면 금방 궤도를 놓쳐서 두 번 다시 지구로 돌아오는 길을 찾지 못할 겁니다."

듣다 보니 이야기의 흐름을 놓친 것 같았다. 박사가 마법사라는 것은 미리 들어서 알고 있었지만, 도대체 어떤 세계로 데려가려는 것일까……. 과연 그 속도에 맞출 수 있을까 하는 불안이 엄습했다.

– 자녀분들에게도 수학 이야기를 해 주시나요?

"어렸을 때는 자기가 하고 싶은 것을 하면서 세상을 경험하고, 다양한 장난감을 접하는 것이 중요합니다. 어른이 말해 주거나 설명해 줄 수 있는 것은 아이가 몸으로 직접 체험하는 것에 비하면 극히 한정됩니다. 가르쳐서 아이의 머릿속에 넣어 주려는 생각은 잘못된 생각입니다. 질문에 대답하는 건 중요하지만 세세한 방법, 이를테면 곱셈을 가르치는 일 따위는 중요하지 않습니다."

서스턴 박사는 어렸을 때부터 강제로 공부하는 것이 무척 싫었다고 한다. 예를 들면 학교에서는 하루에 수학이나 사회 시간이 한 시간씩으로 정해져 있다. 그러다 보니 조금 재미있어지려고 하면 다른 과목으로 바뀌어 버려 그것이 늘 불만이었다고 한다.

"초등학교 때에는 선생님께 '너는 선생님 얘기는 전혀 듣지 않고 늘 공상에 빠져 있다.'는 소리를 들으며 자주 야단맞았습니다. 수학 시간에는 '답은 맞았는데 식은 도대체 어디에 쓴 거니?'라는 소리도 많이 들었죠. 선생님이 바라는 생각에 내 생각을 맞추는 것이 고통스러웠습니다. 선생님은 내가 게으르다고 생각했고, 나 역시 나 자신에게 죄책감을 느꼈습니다. '나는 나쁜 아이일지 모른다.'고 생각한 적도 있습니다.

그런데 수학자가 되고 보니 내가 옳은 일을 한다는 생각이 들었습니다. '다른 사람이 반드시 이렇게 해야 한다고 가르쳐 준 방법을 그대로 실천하는 것이 아니라 내 직감을 따라야 한다.'고 생각하게 되었고, 결국에는 '이론을 쌓지 않아도 논리의 본질을 파악하고, 그것을 한눈에 볼 수 있는 사고'를 찾는 것이 좋았습니다. 좋아하는 일에

▶ 윌리엄 서스턴 박사

집중하고, 생각에 잠기는 내 성격이 수학과 잘 맞습니다."

― 좀 전에 일상 속에 있는 쌍곡기하학에 관해서 말씀하셨습니다. 푸앵카레 추측에 도전한 많은 수학자가 3차원 구에만 주의를 기울인 것과 대조적입니다. 쌍곡기하학이 교수님께 좀 더 자연스러운 대상입니까?

"처음 쌍곡기하학이나 쌍곡 공간을 배웠을 때는 그것을 실감하지 못했습니다. 확실히 이치에 맞는 이론일지도 모릅니다. 일찍이 배운 유클리드 공리를 부정하면 되니까요. 쌍곡기하학은 '직선 L 위에 있지 않은 점 P를 지나는 직선은 하나 이상이다.' 라는 문구로 시작되는 훌륭한 이론을 뒷받침하고 있었습니다.

하지만 웬만큼 배운 뒤에도 '진짜' 라는 생각이 들지 않았습니다. 머리로는 이해할 수 있지만 실감할 수 없었기 때문이죠. 그래서 쌍곡기하학의 공식을 가만히 들여다보았습니다. 쌍곡의 형태를 만들 수 없을까 하고 생각했던 것입니다. 그러다 종이를 이용해 쌍곡기하의 형태를 쉽게 만드는 방법을 발견했습니다. 휴지를 사용해서 롤모양으로 만들 수도 있어요. 푸앵카레 추측에 나오는 '3차원 구' 이외의 구조가 이 세상에 많다는 것을 실감하고 나서야 비로소 3차원 공간을 보는 방법이 달라졌습니다."

박사는 자신을 '말로 수많은 논리를 나열하기보다는 직접 체험하면서 직감으로 깨달아야 이해하는 타입'이라고 말한다.

어쨌든 서스턴 박사는 '둥근 우주가 아닌 쌍곡 공간'에 흥미를 가졌기 때문에 쌍곡기하 전문가가 되었다. 그런 박사가 도대체 어떻게 푸앵카레 추측과 관계가 있었을까?

| 우주는 정말로 둥글까? - 사과와 잎사귀 마술 |

1980년대 초, 대부분의 수학자들은 변함없이 우주에 두른 밧줄의 매듭을 놓고 고민하였다. 그 모습을 본 서스턴 박사는 매듭을 풀려는 노력은 이제 단념해야 한다고 생각했다. 푸앵카레 추측은 완전히 새로운 방법으로 접근해야 한다고 직감했던 것이다.

푸앵카레 추측은 이렇다.

"우주에 밧줄을 두르고, 그 두른 밧줄 고리를 회수할 수 있다면 우주는 둥글다고 말할 수 있다."

그러나 잘 생각해 보면 "만일 밧줄을 회수할 수 없다면 우주는 어떤 형태인가?'에 관해서는 전혀 다루지 않았다는 것을 알 수 있다.

서스턴 박사는 여기에 주목했다.

"우주가 둥글지 않다면 어떤 형태가 있을까?"

이것이 혁명적인 접근으로 들어가는 입구였다.

"나는 상상했습니다. 우주가 취할 수 있는 모든 형태를 알아보는 것이 정말 불가능할까? 무모한 도전이라고 생각했지만 해 보자고 결심했습니다. 물론 처음에는 생각할 수 있는 우주 형태를 대충 분류하는 것이 고작이었습니다."

둥근 형태 외에 어떤 형태가 가능할까? 서스턴 박사는 주변에 있는 모양에서 힌트를 얻어 분류하기 시작했다.

형태 분류 이야기가 시작된 시점에서 서스턴 박사는 자리에서 일어섰다.

"그러면 밖으로 나가서 실제로 형태를 분류해 볼까요?"

박사는 방 한쪽 구석에서 스케치북과 칼, 가위를 찾아내고, 무슨 일인지 냉장고에서 사과를 꺼내서 마당으로 걸어 나갔다. 우리도 박사의 뒤를 따랐다.

"잎 모양을 비교하는 일만으로도 시간이 부족할 겁니다."

그렇게 말하면서 박사는 마당에 있는 나뭇잎을 차례로 따기 시작했다. 집 마당에는 앵두나무와 단풍나무를 비롯해서 다양한 종류의 식물이 자라고 있었다.

"잎은 굽어 있어서 둥근 구와는 분명히 다릅니다. 이런 모양을 '쌍곡기하' 라고 합니다. 굽은 모양과 둥근 모양. 이제부터 이 둘의 차이를 실감할 좋은 방법을 가르쳐 드리지요."

박사는 들고 있던 사과를 깎기 시작했다. 실제로 먹을 때처럼 껍질을 하나로 연결해서 깎는 것이 아니라 사과의 표면을 따라서 칼을 한 바퀴 빙 돌려 깎았다. 껍질을 벗겨내자 하얗게 드러난 속살이 마치 빨간 사과 표면에 알파벳 'O' 자를 새긴 것처럼 보였다.

"사과 표면을 따라서 조심스럽게 껍질을 깎습니다. 껍질이 끊어지지 않게, 깨끗하게 한 바퀴 돌려서 깎았으면 깎은 껍질을 평평한 종이에 붙입니다."

깎은 껍질을 평평한 스케치북에 붙이자 이상하게도 껍질이 알파벳 'C' 처럼 벌어졌다. 껍질이 사과 표면에 붙어 있을 때는 알파벳 'O' 처럼 끝과 끝이 맞붙어 있었는데 말이다. 종이 위에서 'C' 의 두 끝부분이 얼마나 벌어졌는지 각도기로 재어 보니 약 120°. 박사는 '+120°' 라고 썼다.

"사과는 양의 곡률을 가지므로 여기에 양의 값이 나타나는 것입니다. 대략적이지만 깎은 부분의 곡률[3]은 +120°입니다. 곡률은 π (=180°)를 사용해서 나타내므로,

142

$$+ \frac{120}{180}\pi = +\frac{2}{3}\pi$$

가 됩니다."

사과 표면에 있을 때는 둥글게 이어져 있던 껍질이 평평한 곳에 놓으니 벌어진다. 이것이 '둥근'(곡률의 양) 형태의 특징이라고 한다.

계속해서 박사는 아까 모아 놓은 많은 잎 중에서 한 장을 골랐다.

"우리 주위에 있는 잎은 단순하고 평평한 형태라고 생각할지 모르지만, 사실은 평평하지 않습니다. 잘 보면 흥미로운 모양을 하고 있습니다. 이 슈거메이플(단풍나무의 일종) 잎은 상당히 굽었습니다. 양지에서 자랐느냐 음지에서 자랐느냐에 따라서도 모양이 크게 달라집니다.

아이들이 가끔 책갈피에 잎을 끼워 놓고 평평하게 만드는데, 그것은 사실 잎 모양의 특성을 해치는 일입니다. 잎은 3차원 모양 그대로 있고 싶어 합니다. 잎은 각각 3차원의 곡률을 가지고 있습니다. 예를 들면 잎 가장자리에 프릴처럼 된 부분은 음의 곡률을 가집니다. 아름답죠. 당장 곡률을 재어 볼까요?"

박사는 이런 식의 해설에 완전히 익숙해서일까, 능숙하게 말을 이어가며 쉬지 않고 손을 움직였다.

"먼저 이 잎을 자릅니다. 그대로 놓으면 평평하게 있지 못하지만,

잎의 가장 바깥쪽 가장자리 부분을 가늘게 잘라 주면 쉽게 평평하게 만들 수 있습니다. 잎의 윤곽을 도려낸다는 느낌으로 정성스럽게 잘라 주십시오. 식물에서 큰 커브는 거의 잎맥과 줄기 주위에서 볼 수 있습니다. 완만한 커브도 있고, 급한 커브도 있습니다. 잎의 커브는 잎맥에 집중되어 있습니다.

만일 조화를 볼 기회가 있으면 한 번 잘 살펴보세요. 싸구려 조화는 잎을 평평하게 만든 경우가 많습니다. 다시 말해 유클리드 기하로 만들었다는 말인데, 한눈에 봐도 부자연스러운 모양이라는 것을 알 수 있습니다. 반면 제대로 만든 조화는 잎이 굽은, 그러니까 음의 곡률을 가진 쌍곡기하를 도입해서 만들었지요. 그렇게만 해도 생화라고 착각할 만큼 진짜처럼 보입니다.

자, 잎 가장자리를 빙 둘러서 잘랐으면 찢어지지 않게 종이 위에 놓습니다. 자연스러운 상태 그대로, 억지로 구부리거나 세게 누르지 말고 자연스럽게 그냥 두십시오."

아까 그 사과와 비교해서 눈에 띄게 자세하게 설명했다. 쌍곡기하의 세계를 알리고 싶어 하는 박사의 열의가 느껴졌다.

박사는 오려 낸 잎의 가장자리를 스케치북 위에 올려놓고 테이프로 고정했다. 그러자 오려 내기 전에는 서로 붙어 있던 잎사귀 끝이 서로 교차하는 것이 아닌가! 나와 카메라맨은 무의식중에 소리를 질렀다. 아까 그 사과에서 보았던 '열린' 상태와는 완전히 반대였다. 박사는 끝과 끝이 교차한(포개진 뒤 지나쳐 버린) 부분의 각도를 쟀다.

▶ 잎과 사과를 사용해서 곡률을 해설하는 서스턴 박사

"각도는 90° 이상이네요 ……. 약 100°쯤 되겠군요. 사과와는 반대로 끝과 끝이 교차해 버렸으니까 이번에는 사과와 달리 곡률에 −를 붙입니다. 그러니까 잎사귀의 곡률은 −100°이 되겠죠? 곡률을 $\pi(=180°)$라고 표시하면 $-100\pi/180$, 다시 말해 $-5\pi/9$가 되겠군요. 이 측정치가 무엇을 의미하는지 알겠습니까?

예를 들면 구멍이 두 개인 토러스는 표면의 곡률 합계가 반드시 -4π가 된다는 것을 알고 있습니다. $-5\pi/9$의 7.2배입니다. 이 말은 이 잎을 여덟 장 모아서 붙이면 구멍이 둘인 토러스를 만드는 데 충분하다는 뜻입니다. 지금 간단하게 측정한 곡률이지만, 그 배경에는 매우 아름답고 엄밀한 이론이 숨어 있습니다."

음, 트릭은 잘 모르겠지만 아무튼 신기했다. 서스턴 박사는 확실히 '마술사'였다.

— 이 잎사귀처럼 기하학이나 토폴로지의 원칙이 아름답게 나타나는 예를 일상생활이나 자연 속에서 쉽게 찾을 수 있습니까?

"지금 한 질문은 매우 중요합니다. 여러분은 '기하와 토폴로지가 일상생활 속에 있느냐?'고 묻는 것이 아니라 '일상생활 속에서 찾을 수 있느냐?'고 물었습니다. 기하와 토폴로지를 찾는 시점을 갖추면 당연히 생활하는 모든 곳에서 찾을 수 있습니다.

수학의 본질은 세상을 어떤 시점으로 보느냐 하는 것입니다. 수학적인 사고를 배우면 일상이 완전히 다르게 보입니다. 문자 그대로 '본다', 다시 말해 망막에 비친다는 의미가 아닙니다. 배웠기 때문에 보인다는 뜻입니다.

새로운 말을 배우면 그때까지는 전혀 보이지도 들리지도 않던 것이 다음 날부터는 보이고 들려서 이상하게 느껴지지요. 그와 같습니다. 사물을 배우는 것은 사물을 보게 되는 것입니다. 이제 당신은 당신이 생활하는 곳곳에서 기하와 토폴로지를 볼 수 있을 것입니다."

박사의 설명으로 상세한 이치를 완전히 깨달았다고 확신할 수는 없었다. 하지만 둥그스름한 사과 껍질에서는 끝과 끝이 서로 벌어지고, 굽은 잎에서는 끝과 끝이 교차한 것으로 '사과'와 '잎'의 모양(곡률이라고 표현했다)이 '양'과 '음', 서로 반대라는 것만은 이해한 기분이 들었다.

서스턴 박사는 이런 식으로 자연에 '둥근 형태' 이외에도 다양한 형태가 있는 것을 확신할 수 있었다고 한다.

| 충격적인 새로운 예감 - 우주의 형태는 여덟 가지? |

이제 본론으로 돌아가자.

다양한 물건의 형태를 분류하면서 서스턴 박사는 이렇게 확신했다. 세상에는 둥근 것보다 오히려 그렇지 않은 것이 더 많다.

손에 들고 보면서 형태를 분류하는 것은 그나마 쉬운 일이다. 일찍이 푸앵카레가 한 것처럼 사과는 둥근 형태의 대표이며 그 이외는 구멍 수로 분류할 수 있었다.

문제는 우주처럼 '결코 외부에서 바라볼 수 없는' 형태는 어떻게 분류해야 하는가이다.

10년 넘는 시행착오 끝에 서스턴 박사는 놀랄 만한 결론에 도달했다.

1982년에 발표한 논문 「3차원 다양체, 크라잉 군, 그리고 쌍곡기하 *Three dimentional Manifolds, Kleinian Groups and Hyperbolic Geometry*」 안에서 박사는 어떤 장대한 예상을 서술했다.

"우주가 어떤 형태를 띠든 그것은 반드시 최대 여덟 종류의 서로 다른 단편으로 성립된다."

이 대담한 예상을 서스턴의 '기하화 추측(Geometrization conjecture)' 이라고 이름 붙였다.

서스턴 박사는 기하화 추측을 종종 장난감 만화경에 비유해서 설명한다.

만화경을 돌릴 때 눈에 보이는 모양은 매우 다양해서 같은 모양은 두 번 다시 나타나지 않는다. 그러나 처음으로 거슬러 가 보면 모양이 정해진 몇 가지 비즈(beads)가 그런 복잡한 모양을 만들어낼 뿐이다.

서스턴 박사의 말을 빌리면 우주의 형태도 마찬가지다. 가령 우주가 아무리 복잡한 형태를 띤다고 해도, 결국 여덟 종류의 비즈가 서로 뒤얽혀서 만들어 낼 것이라는 말이다.

다시 말해 정해진 수의 비즈가 무한히 복잡한 도형을 만들어 낸다.

▶ 만화경의 모양. 원래는 몇 가지 모티프에 지나지 않는다

이와 마찬가지로 우주는 둥근 이외의 어떤 형태든 최대 여덟 종류의 단편이 서로 이어져서 만들어졌을 것이다.

서스턴 박사가 제창한 이 '기하화 추측'은 좋은 평가를 받아 필즈상을 수상했다. 사실 수학자들이 기하화 추측은 그 일부에 푸앵카레 추측을 포함하는 장대한 문제라는 것을 깨달았기 때문이다.

만일 서스턴 박사의 예상대로 우주가 최대 여덟 종류의 단편을 조합해 만들어졌다고 하자. 박사에 따르면 그 단편 여덟 개는 하나는 둥근 형태이고, 그 외에는 도넛처럼 '둥글지 않은' 형태다.

여기에서 푸앵카레의 밧줄을 떠올리고 싶다. 수학자들은 우주의 단편 중의 하나라도 '둥글지 않은' 형태가 포함되어 있을 경우 밧줄이 걸려서 회수할 수 없다는 사실을 깨달았던 것이다. 다시 말해 기

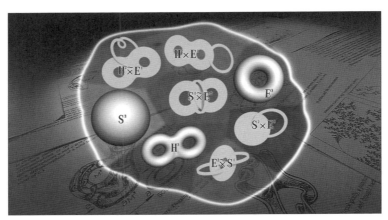

▶ 서스턴이 말하는 '기하화 추측'. 우주의 여덟 가지 형태를 표시했다

하화 추측이 참이라면 밧줄을 회수할 수 있는 우주는 단 하나, 푸앵
카레 추측대로 둥근 모양으로 만들어진 우주뿐이다.

이렇게 해서 서스턴의 기하화 추측을 증명할 수 있다면 동시에 푸
앵카레 추측도 증명할 수 있다는 것이 명확해졌다.

서스턴 박사는 우주가 취할 수 있는 형태에 완전히 새로운 전망을
펼쳤습니다. 우주 형태에 새로운 접근을 시도한 것입니다. 그 후, 연
구는 단숨에 진전되어 우주 형태를 더욱 깊이 이해하게 되었습니다.
서스턴은 기하화 추측을 무기로 푸앵카레 추측에 한 걸음 더 바싹
다가간 것입니다. (존 모건 박사)

많은 수학자가 오랫동안 둥근 우주(3차원 구)를 염두에 두고 푸앵

카레 추측과 씨름했다. 그런데 어째서 서스턴 박사는 둥근 우주에 밧줄을 두른다는 발상에서 벗어나 3차원 우주 형태를 모두 분류해 본다는 착상을 할 수 있었을까?

"나는 당연한 생각을 했을 뿐입니다. 예를 들면, 1,000조각짜리 직소 퍼즐이 있다고 합시다. 당신이 1,000개 중에서 100조각만 가지고 올바른 위치를 찾으려고 한다면 거의 무리일 겁니다. 하지만 1,000조각 전부를 바닥에 늘어놓고 전체를 살펴보면 어떻게 맞춰야 할지 쉽게 보일 것입니다."

| 천 재 서 스 턴 의 고 뇌 |

1983년, 필즈상 수상식 자리에서 "3차원 공간 연구를 수학의 주류로 되돌렸다."고 절찬 받은 서스턴 박사.

그러면 박사는 실제로 이 추측을 증명할 수 있었을까?

서스턴의 기하화 추측을 증명하기 위해서는 우주를 여덟 종류의 형태로 분해하는 방법을 보여야 한다. 그런데 우주를 깔끔하게 나누는 것은 매우 어려웠다. 분해하려고 하면 갑자기 모양이 망가지는 경우가 있다는 것이다. '특이점'이라고 부르는, 계산을 계속할 수 없는 상태다. 기하화 추측은 큰 벽에 부딪혔다.

추측을 제창한 서스턴 박사는 주위의 큰 기대를 저버리고 증명하려는 도전을 그만두었다.

사실 취재를 시작했을 당시부터 서스턴 박사가 기하화 추측의 증명을 왜 그만두었는지가 큰 수수께끼였다. 난제 푸앵카레 추측에 인생을 건 수많은 수학자의 삶을 생각하니 박사가 너무 쉽게 포기한 것처럼 생각되었기 때문이다.

서스턴 박사는 애초부터 추측을 증명하는 데 그다지 관심 없었던 수학자이다.

수학자는 아주 크게 말하면 '아이디어 제기형'과 '문제 해결형' 두 종류로 크게 나눌 수 있다. 전자는 과거부터 현재까지 아무것도 없는 데에서 새로운 개념을 만들어내는 타입으로, 'O▲ 추측' 같은 새로운 아이디어를 잇달아 제시한다. 앙리 푸앵카레가 이 타입의 전형이다.

그리고 후자는 그 '추측'이 실제로 참인지 거짓인지를 논리적으로 검증하는 것을 좋아하고, 다양한 수학적 테크닉을 구사하는 장인 기질의 수학자다. 파파키리아코풀로스가 이런 타입이라고 할 수 있을지 모르겠다. 물론 이 두 가지를 융합한 이른바 '만능형' 수학자도 드물지만 있다.

이 분류법에 맞춰 보면 서스턴 박사는 전자, 그러니까 아이디어 제기형이다. 그래서 기하학 추측을 제창해서 푸앵카레 추측 연구에 큰 장을 열었지만, 엄밀한 증명에는 그다지 집착하지 않았는지 모른다.

하지만 한편에서는 서스턴 박사가 기하학 추측 증명을 추적하지 않았던 것은 부자연스럽고 이해하기 힘들다고 말하는 수학자도 적지 않다. 박사를 마술사라고 절찬하는 프랑스의 포에나르 박사도 그중 한 사람이다.

"서스턴은 갑자기 마술을 그만두었습니다. 왜 그랬는지는 아무도 모르지만, 그는 수학의 성과를 발표하는 것을 그만두었습니다. 나이를 먹은 것도 아니고, 능력을 잃은 것도 아닌데도 어쩐 일인지 더는 수학의 성과를 내놓지 않았습니다."

푸앵카레 추측을 뛰어넘는 엄청난 추측이라는 평가를 받은 기하화 추측에 굳이 도전하지 않은 이유는 과연 무엇일까?

박사의 복잡한 심경을 헤아릴 수 있는 논문 한 편이 있다. 1994년에 발표한 「수학에서의 증명과 진보 *On Proof and Progress in Mathematics*」이다.

논문 후반부에서 서스턴 박사는 한 사건을 계기로 수학을 대하는 자신의 사고가 크게 달라졌다고 기록하고 있다. 조금 길지만 요약해서 인용하면 다음과 같다.

> 내가 대학원생일 때 선택한 연구 주제는 '엽층구조론(foliation structure theory)'⁴⁾이었다. 학자들 사이에서 큰 주목을 끈 분야이다. 나는 곧 엽층구조론 분류정리를 증명하고, 그밖에도 수많은 중요한 정리를 증명해서 극적인 성과를 올렸다. 머릿속에 증명이 끊임없이 떠올라 논문으로 정리할 시간이 부족할 정도였다.

잠시 뒤에 이 세상에서 이상한 현상이 일어났다. 갑자기 이 분야를 연구하는 사람들이 사라지기 시작한 것이다. 동료 수학자들에게 "엽충구조론은 가까이 하지 않는 편이 좋다."는 소문이 돌고 있다는 이야기를 들었다. 서스턴이 이 분야를 모두 먹어치운다는 것이었다. 친구들은 비판이 아니라 칭찬이라고 먼저 운을 떼고 내게 이렇게 말했다. "자네는 곧 이 분야를 죽여 버릴 거야." 대학원생들은 모두 엽충구조론을 배우는 것을 그만두었고, 나도 얼마 안 가서 다른 분야로 옮겼다.

연구자가 없어진 것은 결코 이 분야가 시들했기 때문이 아니다. 흥미로운 문제가 많고, 연구할 여지도 아직 충분했다.

나는 이 사건으로 연구를 진행하는 내 방법의 두 가지 문제점을 알고 반성했다.

하나는 내 논문이 매우 진부하고 난해한 수학논문 형태를 띠고 있다는 것이다. 이론의 배경은 자세히 설명하지 않고(그럴 시간도 없었지만), 이를테면 아는 사람만 알면 된다는 식이었던 것이다. 예를 들면 "갓빌런 베이의 불변량은 엽층구조의 나선형 동요 정도를 측정한다(the Godbillon-Vey invariant measures the helical wobble of a folitation)."라는 표현은 많은 수학자에게 조금 어려워서 심리적으로 받아들이기 어려웠을 것이다.

또 하나는 주위에서 내게 '답'을 기대하고 있다고 착각한 것이다. 강력한 증명 결과를 많이 보여 주는 것이 다른 수학자를 위하는 일이라고 생각했다. 하지만 그렇지 않았다. 사람들이 찾고 있는 것은 '답'이 아니라 어떻게 생각했는가 하는 '과정'이었다.

서스턴 박사와 친분이 있고, 박사를 일본에 초대했던 도쿄 공업대학의 고지마 사다요시(小島定吉) 교수는 한 연구 분야를 쇠퇴시킨 사건 이후 수학을 대하는 서스턴 박사의 태도가 크게 달라졌다고 보았다.

"어떤 일에든 과감하게 도전하는 서스턴 박사에게 그것은 힘든 경험이었을지 모릅니다. 1970년대 후반, 그는 3차원 다양체, 크라잉 군, 그리고 쌍곡기하라는 독립된 분야를 서로 연결하는 작업을 중시했습니다. 한 걸음 멈춰 서서 환경을 정비하기 위해 노력한 것입니다.

훌륭한 정리를 계속 증명하는 것이 반드시 수학 발전으로 이어지는 것은 아니며, 오히려 수학자의 의욕을 꺾을 수도 있다는 사실을 깨달은 것이 박사가 '수학은 사람들의 대화 위에 성립하는 학문'이라고 생각하게 된 계기였을지 모릅니다."

사실, 1970년대 후반을 경계로 서스턴 박사의 연구 자세는 180도로 달라졌다. 논문보다는 수학교육이나 주위 사람들과의 의사소통에 힘을 쏟았다. 프린스턴 대학 교수로서 '3차원 공간의 기하와 토폴로지'를 주제로 한 강의는 그의 독특한 말투와 이해하기 쉬운 내용이 좋은 평가를 얻어 전 세계에 강의록 복사판이 나돌 정도였다.

또 1990년대는 버클리 캠퍼스 이학연구소 소장으로서 중학교와 고등학교에 출강하는 등 정력적으로 일해 토폴로지의 매력을 일반 사회로 넓히는 데 힘을 쏟았다.

박사는 기하화 추측 증명을 단념한 것일까, 아니면 굳이 계속하지 않았던 것일까. 서스턴 박사의 속마음을 확인해 보기 위해 취재가 끝날 무렵 큰맘 먹고 물어보았다.

— 많은 수학자가 기하화 추측을 제창한 교수님이 왜 그것을 끈기 있게 추적하지 않았는지 궁금해합니다.

"증명하려고 노력했습니다. 하지만 내가 생각한 몇 가지 방법은 참신한 맛이 사라졌습니다. 추구해도 가능성이 보이지 않을 때에는 손을 떼는 것이 현명합니다. 인생의 목적은 하나가 아닙니다."

— 혼자 증명하려는 고집을 버리고 굳이 주위 수학자들과의 의사소통을 중요시하는 길을 선택한 것은 아닙니까?

"지금은 많은 수학자가 내가 일찍이 혼자서 생각한 것을 배우고 있습니다. 멋지지 않습니까? 많은 사람이 기하화 추측과 쌍곡기하학 등 내가 짊어지고 온 연구 분야에 공헌하고 있습니다. 이해해 주는 사람이 많아져서 지금은 옛날처럼 쓸쓸하지 않습니다. 나는 뼈저리게 알았습니다. 처음 무엇인가를 생각해 낼 때에는 고독이 따른다는 것을 말입니다."

박사는 이에 관해 더는 말하려고 하지 않았다.

기하화 추측은 증명하지 않았지만 서스턴 박사는 '우주의 여덟 형태' 라는 아이디어를 일반 사회에 널리 전하는 데 힘을 쏟았다. 제자인 제프리 윅스(Jeffrey Weeks) 박사와 공동으로 컴퓨터 소프트 '곡선 모양의 우주(Curved Spaces)' [5]를 개발한 것이다.

만일 우리 우주가 도넛 모양이라면 우주는 어떤 식으로 보일까. 우리는 우주를 '밖에서' 볼 수 없지만 이 '곡선 모양의 우주' 를 사용하면 도넛형 우주를 고속으로 여행하는 의사 체험을 할 수 있다고 한다.

"가령 우주가 도넛형이라고 생각합시다. 그러면 당신이 있는 공간의 성질은 지금과는 크게 달라집니다. 당신이 지금 네모난 방에 있다고 생각해 보세요. 지금 당신이 있는 방의 앞쪽 벽은 뒤쪽 벽과 이어져 있습니다. 마찬가지로 방의 오른쪽 벽은 왼쪽과 연결되어 있습니다. 바닥은 천장과 연결되어 있고요. 그 방을 보면서 머릿속으로 그려 주십시오. 방 앞쪽을 보는 당신의 시선을 좀 더 진행시키면 머릿속으로 방 뒤쪽을 볼 수 있습니다. 방 오른쪽에 있는 문을 통해서 방 밖으로 나가면 갑자기 왼쪽에 있는 문으로 들어옵니다. 이처럼 이미지를 만들어 가면 이것은 다양한 방향으로 이어진 똑같은 우주가 무한히 되풀이되는 '반복 우주' 라는 것을 알 수 있습니다. 이것이 도넛 우주의 정체입니다."

또다시 어려워졌다. 만일 머리가 뒤죽박죽되었다면 부디 집에 있는 컴퓨터로 '곡선 모양의 우주' 를 체험해 보기 바란다. 이해할 수 있을지 아닐지는 둘째 치고, 서스턴 박사의 장대한 마술을 체험할 수 있다는 것만은 분명하다.

1) 쌍곡기하학
   쌍곡기하학은 19세기 초에 니콜라이 로바체프스키(Nikolai Ivanovich Lobachevskii, 러시아), 야노스 보여이(János Bolyai, 1802~1860, 헝가리), 카를 프리드리히 가우스(Carl Friedrich Gauss, 1777~1855, 독일) 등이 각각 독립적으로 제창한 기하학으로, 보여이-로바체프스키 기하학이라고도 부른다. 비유클리드 기하학의 하나이다. 쌍곡기하학이 성립하는 공간을 쌍곡 공간이라고 부르며, 말안장 같은 형태가 그 전형이다. 이와 관련해서 양의 곡률을 가진 '둥근 공간'(곡률이 양인 공간)에서 성립하는 기하학을 '구면기하학'이라고 부른다.

2) 유클리드 공간
   유클리드 공간이란 유클리드 기하학이 성립하는 공간을 의미한다. 유클리드 기하학이란 기하학 체계 중 하나로, 고대 이집트의 그리스 계 수학자인 에우클레이데스(영어명 유클리드)가 자신의 저서 『원론』에서 그 성질을 정리했다. 이후 '유일절대의 기하학'이라고 여겨왔다.
   하지만 19세기에 『원론』 제5공준(평행선 공준) "임의의 직선 위에 있지 않은 한 점을 지나면서 그 직선과 평행한 직선은 단 하나 존재한다."에 의문이 제기되었고, 마침내 유클리드 기하학 이외에 새로운 기하학인 '비유클리드 기하학'(쌍곡기하학과 곡면기하학 등)의 존재가 확인되었다.
   예를 들면 쌍곡기하학에서는 '한 직선 L과 그 직선 밖에 점 P가 있을 때 점 P를 지나면서 L과 평행한 직선은 무수히 존재'하게 되고, 구면기하학에서는 '한 직선 L과 그 직선 밖에 점 P가 있을 때 P를 지나면서 L과 평행한 직선은 존재하지 않게' 된다.

3) 곡률
   곡률이란 곡선이나 곡면의 굽은 정도를 나타내는 양이다. 예를 들면 반지름 r의 원주 곡률은 1/r로 나타낸다. r이 작을수록(커브가 급하다) 곡률은 커진다.

4) 엽층구조론
   엽층구조론이란 자연계나 우리 주변에 있는 다양한 형태 중에서 층상으로 쌓인 것을 의미한다. 예를 들면 절벽의 단면에서 볼 수 있는 지층 모양, 잎사귀의 잎맥, 목재 표면에 나타나는 나이테 모양 등을 엽층구조(foliation)라고 한다. 서스턴 박사에 따르면 엽층구조론이란 3차원 우주의 표면에 그린 줄무늬 연구라고 한다.

5) '곡선 모양의 우주(Curved Spaces)'의 URL
   http://www.geometrygames.org/CurvedSpaces/

구멍 수로 분류한다고?

앙리 푸앵카레는 그의 저서 『과학과 방법』에 이렇게 적었다.

"수학이란 각기 다른 사항에 동일한 명칭을 주는 기술이다. 적당한 용어를 고르거나 아니면 이미 아는 대상에 행한 모든 증명이 즉시 많은 새로운 대상에도 그대로 통용되는 것을 보면 정말이지 경탄하지 않을 수 없다."

어떤 면에서 수학자는 세상에 존재하는 무수한 대상 사이에서 공통점을 찾아내서 그것에 명칭을 부여하고, 능숙하게 분류하는 일을 하는 사람이라고 말할 수 있지 않을까?

한편, 토폴로지 세계에서 사물의 형태를 어떻게 분류하는지 생각해 보자. 도넛과 찻잔은 구멍이 하나씩이므로 서로 같다. 숟가락과 공도 둘 다 구멍이 없기 때문에 같다. 그리고 찻주전자와 렌즈 없는 안경은 둘 다 구멍이 두 개씩이므로 같다.

그런데 왜 처음부터 '구멍'의 수로 분류했을까? 푸앵카레는 구멍의 수를 세는 것이 취미였을까? 아니면 구멍에 어떤 비밀이 숨어 있는 것일까?

사실 이 분류는 본질적으로 3차원 물체의 표면(2차원 다양체라고 부른다)의 성질을 구별하는 것이다. 구멍이 없는 구(숟가락이나

2차원 구면(Ω>0)   평면(Ω=0)   쌍곡면(Ω<0)

공)의 표면은 늘 안쪽으로 굽어 있기 때문에 2차원 구면[곡률Ω >0(제로)]이라고 부르고, 구멍이 하나인 도넛의 표면은 똑같이 고르면 평평하므로 평면(곡률Ω=0), 구멍이 둘 이상인 도넛은 표면이 바깥쪽으로 휘어 있다(곡률Ω<0)고 분류한다(그림 참조).

다시 말해 푸앵카레는 '구멍 수'를 세고 있는 것처럼 보이지만 사실은 '표면의 형태'를 보았던 것이다. 이것을 수학적으로 표현하면 '2차원 다양체의 분류'라고 한다. 이 분류는 20세기 초에 이미 완성되었다.

푸앵카레 추측인 "단일연결인 3차원 다양체는 3차원 구와 위상동형이다."는 사실은 바로 '2차원 다양체의 분류'를 1차원상의 3차원으로 옮겨 놓은 '3차원 다양체의 분류'와 관계있는 것이었다. 그리고 이 '3차원 다양체의 분류'를 상세하게 예상한 사람이 서스턴이고, 그것을 증명한 사람이 페렐만이다.

　말하자면 수학자들의 오랜 꿈은 '우주의 형태'를 이해하는 것보다 '3차원 다양체를 분류'하는 것이었다. 그들에게는 그쪽이 우주 그 자체보다 훨씬 광대한 세계로 보였을지 모른다.

제 7 장

1990년대··
해결로 가는 문이 열리다

$$\dot{x}=\dot{x}(2\dot{\beta}+\dot{a})$$

$$\frac{1-\dot{x}}{2\dot{x}}\dot{x}+\bar{a}\left(2-2\dot{x}-\frac{1-\dot{x}}{2}\right)$$

Poincaré conjecture

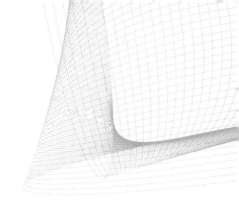

| 러 시 아 와   미 국 의   만 남 |

1992년, 수학자들이 기하화 추측을 증명하기 위해 일제히 팔을 걷어붙이고 있을 때 뉴욕에 한 청년이 내려섰다. 이때부터 푸앵카레 추측 연구는 큰 전환점을 맞이한다.

바로 그리고리 페렐만 박사. 이때 그의 나이 26세였다.

페렐만 박사는 조국 소련이 붕괴하자 미국으로 건너왔다. 1992년 한 해에만 소련에서 2,100명의 과학자가 빠져나갔다. 사상 최대였다. 이때부터 그동안 굳게 닫혀 있던 동서 양 진영 수학자들이 본격적으로 교류를 시작했다.

페렐만 박사는 연구원 신분으로 뉴욕 대학 쿠란트 수리과학연구소에 오게 되었다. 전문 분야는 일찍이 '새로운 수학'인 토폴로지에 왕좌를 내어주었다는 말을 들었던 미분기하학. 쿠란트 수리과학연구

▶ 강 티안 박사

소에는 미분기하학에 강한 수학자가 많았다.

당시 교수였던 중국 출신 강 티안(Gang Tian, 현 프린스턴 대학 교수) 박사는 막 미국으로 건너온 페렐만 박사와 친하게 지낸 사람 중 하나이다. 모든 면에서 틀을 깬 러시아 수학자와의 만남은 신선했다.

"그는 매우 명석했고, 자신의 연구 분야를 깊이 이해하고 있었습니다. 다른 수학자와 달리 기술적인 부분까지 자세히 알고 있어서 훌륭했지요. 또 외모도 상당히 인상 깊었습니다. 몹시 긴 턱수염에 손톱은 제멋대로 자라 있었으며 늘 검은 재킷을 입었죠. 내 주위 젊은 연구원들은 대개 일상생활을 즐기는 데 돈을 썼지만 페렐만은 수학 이외에는 거의 관심이 없어 보였습니다."

티안 박사는 페렐만보다 여덟 살이 많았고, 전공은 페렐만과 마찬가지로 미분기하학이었지만 관심 연구 대상은 많이 달랐다. 두 사람 모두 말이 많은 타입은 아니었지만, 이상하게도 마음이 잘 맞았다고 한다.

"페렐만과 이야기하다 보면 그의 풍부한 지식에 압도됩니다. 예를 들면 세계사는 모조리 알고 있었고, 또 러시아의 유동적인 정치 상황에 관해서도 정열적으로 이야기했습니다. 그러는 동안 그가 음악을 무척 좋아한다는 사실을 알았습니다. 그러나 안타깝게도 오페라나 클래식 음악을 즐길 기회가 많은 뉴욕에 살면서도 함께 콘서트에 간 적은 없습니다.

그가 멀리 있는 가게까지 빵을 사러 간다는 이야기를 듣고 놀란 적이 있습니다. 그는 맨해튼에서 브루클린 다리를 건너 브라이튼 비치의 러시아인 거리에 있는 빵집까지 검은 빵 하나를 사기 위해 40킬로미터에 가까운 거리를 걸어갔다며 즐겁게 이야기했습니다. 생각해 보니 그는 빵도 물론 필요했겠지만 한적한 곳을 산책하는 것을 좋아한 듯합니다.[1]"

페렐만 박사는 차 타는 것을 싫어해서 늘 가방을 메고 걸었다. 멀리까지 가야 할 때에는 티안 박사가 자기 차에 태워 주었다고 한다. 두 사람은 자주 동료인 제프 치거(Jeff Cheeger) 박사와 함께 편도 한 시간 정도 걸리는 프린스턴 고등연구소 세미나에 참석했다.

티안 박사보다 나이가 더 많은 제프 치거 박사는 페렐만 박사가 러시아에 있을 때부터 그의 재능에 주목했고, 뉴욕 대학으로 유학할 것을 강력하게 추천한 사람이었다.

"페렐만과 직접 이야기하면서 알게 된 것은 그의 성격이 매우 소극적이라는 사실입니다. 예를 들면 나는 그가 틀림없이 국제수학 올림피아드에 참가했을 것이라고 생각해서 그런 일이 있지 않으냐고 물어 보았습니다. 그는 "그렇다."고만 대답했는데, 알고 보니 대회에서 금메달을 받았더군요.

또 하나, 그는 강인한 육체와 정신력을 소유하고 있었습니다. 이해할 수 없을 만큼 멀리까지 가서 검은 빵을 사온 것은 그 빵이 가장 맛있다고 판단했기 때문입니다. 페렐만은 자신이 필요하다고 생각한 것은 아무리 어려워도 해내고야 마는 의지와 능력을 가진 사람입니다."

미국에서 지내는 동안 페렐만 박사는 자신의 전문인 미분기하학

▶ 제프 치거 박사

분야에서 잇따라 상당한 연구 결과를 내놓았다. 1994년에는 난제 중의 난제로 손꼽혔던 '소울 추측(Soul Conjecture)' [2]을 증명한다. 과거 30년 이상 해결하지 못했던 문제인데, 그는 그것을 겨우 세 쪽짜리 논문으로 증명했다.

논문에 대한 페렐만 박사의 자신감은 절대적이었다. 너무도 간결한 논문을 보고 제프 치거 박사는 "말을 조금 더 붙여서 정성스럽게 쓰면 어떨까?"라고 조언했다고 한다. 하지만 페렐만 박사는 딱 잘라 거절했다.

치거 박사는 어색하게 웃으면서 그때의 상황을 말해 주었다.

"그의 모습에서 나는 〈아마데우스〉라는 영화의 한 장면이 떠올랐습니다. 모차르트가 초기 오페라 작품을 발표하는 장면 말입니다. 음악을 좋아하는 황제가 모차르트의 오페라를 이렇게 평했습니다. '음악은 멋진데, 음표 수가 너무 많다.' 그러자 모차르트는 황제에게 '어떤 음표가 남았습니까? 정확히 가르쳐 주십시오.' 라고 따졌습니다. 자신의 작품에는 쓸데없는 음표도 없지만 부족한 음표도 없다고 생각한 것입니다. 페렐만과 논문 이야기를 했을 때도 꼭 그런 느낌이었습니다."

그러나 당시 페렐만 박사의 이름이 세계 수학계에 널리 알려졌던 것은 아니다. 박사는 미분기하학 중에서도 '알렉산드로프 공간 (Aleksandrov space, 곡률의 개념을 가진 거리공간—옮긴이)' 이라는 특수한 분야에서 일인자였다. 같은 분야에서 세계 최고를 달리는 도후쿠 대학의 시오야 다카시(塩谷隆) 교수[3]는 자신의 연구 분야를 이렇게 설명했다.

"수학적으로 말하면 알렉산드로프 공간이란 '특이점'[4]을 가진 특수한 공간입니다. 우리 기하학자에게 연구의 왕도는 '다양체'입니다. 그러나 페렐만이나 나는 다양체가 손상되어 특이점을 가진 다양체가 아닌 공간을 연구합니다. 페렐만은 그 분야의 대가입니다."

알렉산드로프 공간, 특이점. 시오야 교수에 따르면 이것들을 연구하는 수학자는 매우 한정되어 있어 사람에 따라서는 '별난 연구'라고 야유하는 경우도 있다고 한다. 그러나 실제로 이 연구는 매우 의미가 크다.

"예를 들면 '인간이란 무엇인가?'를 연구한다고 칩시다. 인간은 매우 다양해서 어떤 의미에서 보면 컴퓨터 같은 사람도 있지만 동물적인 사람도 있습니다. 인간 전체를 알기 위해서는 이런 컴퓨터 같은 인간과 동물적인 인간, 다시 말해 극단적인 인간을 아는 것도 한 가지 방법이 아닐까 생각합니다.

다양체 연구를 '인간 연구'에 비유하면 특이점을 가진 알렉산드로프 공간 연구는 '컴퓨터나 동물 같은 인간을 연구하는 것'에 해당합니다. 다양체의 성질을 알기 위해서는 그 극단적인 예를 조사하는 것이 매우 중요합니다."

당시 시오야 교수와 공동으로 연구를 진행했던 쓰쿠바 대학의 야마구치 타카오(山口孝男) 교수는 미국에서 미분기하학 학회에 참가했을 때 페렐만 박사를 여러 번 만났다고 한다. 여름이었는데도 검은 옷을 입고 덥수룩한 머리에 손톱을 길게 기른 박사는 말을 붙이기 어려운 분위기였지만, 의외로 이야기를 걸면 예의바르게 대해 주었다고 한다.

야마구치 교수가 발표를 마치고 나서 자신의 논문을 보여 주자 페렐만 박사는 곧바로 잘못된 곳을 발견해서 "내게 이 점을 개선할 아이디어가 있으니까 폐가 되지 않는다면 돕겠습니다."라고 말했다고 한다. 야마구치 교수가 페렐만 박사의 논문을 칭찬했을 때에는 "이것은 다른 사람의 아이디어를 발전시켰을 뿐입니다."라며 침울해했다고 한다.

"페렐만은 수학에 매우 금욕적인 사람이라 마치 구도자 같은 분위기였습니다."

페렐만 박사의 논문은 간결하고, 게다가 난해한 것으로 유명했다. 야마구치 교수는 박사의 논문 몇 줄을 읽는 데 일주일이나 걸린 적도 있다고 했는데, 반면 내용은 언제나 명확했다.

미분기하학 연구자들 사이에서는 이런 말까지 있었다고 한다.

"페렐만은 틀림없다."

| 알 려 지 지 않 은 전 기 (轉 機) |

미국으로 건너온 지 3년째 되는 해에 페렐만 박사는 큰 전기를 맞이한다.

이 무렵부터 박사는 연구실에 틀어박혀 연구를 했는데 연구 내용을 주위 사람에게 말하지 않았다. 주위 수학자들은 밝고 쾌활하던 박사에게 무슨 일이 일어났다는 걸 눈치 챘다.

당시 UC 버클리 장학생이던 박사는 장학금 지급 기한이 얼마 남지 않았기 때문에 미국에서 새로운 지위를 얻든지, 아니면 귀국해야 하는 선택에 직면해 있었다.

화려한 경력을 가지고 있는 젊은 러시아 수학자를 잡기 위해 프린스턴 대학을 포함한 몇몇 일류 대학은 교수직이라는 자리를 제시했지만 어쩐 일인지 박사는 받아들이지 않았다.

스탠퍼드 대학의 야코브 엘리어쉬버그(Yakov Eliashberg) 교수는 페렐만 박사에게 열심히 권유했던 사람 중 하나이다. 페렐만 박사와 같은 상트페테르부르크 출신인 데다 전공도 같은 미분기하학이어서 그는 페렐만 박사가 매우 친근하게 느껴졌다고 한다.

교수는 먼저 대학 규정에 준해서 페렐만 박사의 추천인을 결정했다. 그다음 추천인에게 보낼 이력서를 써 달라고 박사에게 부탁했다. 하지만 페렐만의 대답은 의외였다.

"페렐만 박사의 대답은 이랬습니다. '내 연구를 아는 사람에게 추천장을 의뢰한다면 내 이력서 따위는 필요 없을 겁니다. 그러나 내 연구를 모르는 사람에게 의뢰한다면 애초에 추천이라는 의미가 전혀 없습니다. 추천장 같은 건 필요 없죠.' 분명 맞는 말이었습니다.

나는 이력서가 있는 편이 보기에도 좋고, 또 의례적으로 그렇게 한다고 박사에게 설명했습니다. 조금 유연하게 생각해 달라고 설득했지만 '당신의 논점은 충분히 알았다. 그러나 나를 설득할 정도는 아니다.'라고 대답했습니다. 나는 위원회에 그 뜻을 전달했습니다. 이야기를 나눈 끝에 그렇게까지 독특한 사람은 위원회의 허용 범위를 넘어선다는 결론이 났습니다. 우리의 권유가 실패한 것입니다. 그러나 그가 왜 그렇게 사소한 것에 고집을 부려서 기회를 놓쳤는지 지금도 이해가 안 갑니다."

하지만 페렐만 박사가 이때부터 푸앵카레 추측에 도전하려 한다는 사실은 아무도 몰랐다.

당시 페렐만 박사는 몇몇 수학자에게 한 가지 질문을 되풀이해서 던졌다고 한다. 친구인 티안 박사는 이렇게 증언한다.

"내가 내 연구 이야기를 꺼냈을 때의 일입니다. 페렐만은 내게 리치 흐름(Ricci flow) 방정식을 물었습니다. 알렉산드로프 공간에서 리치 흐름을 구축하는 방법을 여러 번 물었습니다. 왜 그것을 물었는지 그때는 매우 이상하게 생각했습니다."

사실 이 무렵, 한 연구논문이 미국에서 화제가 되었다.

"리치 흐름 방정식을 이용하면 서스턴의 기하화 추측과 푸앵카레 추측을 증명할 가능성이 있다."는 리처드 해밀턴 박사의 주장이었다.

리치 흐름 방정식이란 해밀턴 박사의 전공인 '대역해석학'[5] 분야에서 자주 사용하는 방정식으로 3차원 우주(3차원 공간)의 형태를 둥글게 변형시키는 데 매우 유효한데, 페렐만 박사에게는 전공 밖의 분야였다. 티안 박사가 질문에 대해 의외라고 생각한 것은 그 때문이다.

그러나 리치 흐름 방정식은 '열 방정식'이라고 하는 물리의 방정식과 아주 비슷한 형태이다. 그렇다, 기원을 거슬러 올라가면 페렐만 박사가 고등학교 때 좋아했던 '물리학' 방정식과 일맥상통하는 것이다.

$$\frac{\partial}{\partial t} g_{ij} = -2R_{ij} \text{ (리치 흐름)}$$

$$\frac{\partial u}{\partial t} = C^2 \frac{\partial^2 u}{\partial x^2} \text{ (열 방정식)}$$

"언젠가는 아무도 풀지 못하는 난제를 풀어 보고 싶다."

어릴 적부터 품었던 꿈. 마침내 페렐만 박사의 눈앞에 그 꿈에 어울리는 난제가 나타난 것이다. 리치 흐름 방정식을 제대로 사용하면 서스턴의 기하화 추측, 그리고 푸앵카레 추측을 해결할 실마리를 잡을 수 있을지 모른다.

1995년, 박사는 3년 만에 다시 미국을 떠나 러시아로 돌아갔다.

그 진짜 이유를 아는 사람은 아무도 없었다.

제프 치거 박사는 페렐만 박사가 귀국하기 직전에 그와 이야기를 나눌 기회가 있었는데, 연구 내용은 듣지 못했다.

"페렐만은 내게 몇 가지 질문을 했습니다. 그때 나는 그의 관심이 크게 바뀌었다는 것을 눈치 챘습니다. 나는 '원래 그 분야에는 관심이 없지 않았느냐?' 하고 물었습니다. 그러자 그는 '난제를 해결할 수 있을 것 같다.'고 말했습니다."

세계 최고의 수학자들과 함께, 그것도 고수입이 보장된 미국에서의 연구생활을 마다하고 고향에서 난제에 도전한다는 것은 수학자로서 내리기 힘든 결단이었을 것이다.

페렐만 박사와 고향이 같은 선배 수학자 미하일 그로모프(Mikhail L. Gromov, 1943~) 박사는 페렐만 박사가 무심코 던진 말을 기억하고 있었다.

"언젠가 나는 페렐만에게 '큰 난제에 도전하는 것은 매력적인 일이지만 어려운 일일수록 실패했을 때의 충격은 헤아릴 수 없을 정도로 크다.'고 말했습니다. 그러자 페렐만은 진지한 표정으로 이렇게 대답했습니다. '나는 아무것도 일어나지 않을 경우도 각오하고 있다.'고."

상트페테르부르크로 돌아온 페렐만 박사는 스테클로프 수학연구소에서 무엇인가에 홀린 듯 연구에만 몰두했다. 학창 시절의 박사를 아는 동료들은 그의 변한 모습에 놀랐다고 한다.

"대학원에서 함께 공부했을 때, 페렐만 선배는 밝은 성격의 보통 젊은이였습니다. 우리는 함께 파티에 가거나 새해를 축하했지요. 여름 방학 때는 콜호스(집단농장)에 근로봉사를 가기도 했습니다. 다른 사람들과 다른 점은 하나도 없었습니다.

하지만 미국에서 돌아온 그는 마치 딴 사람 같았습니다. 사람들과 거의 이야기도 나누지 않았습니다. 옛날처럼 말을 걸 수도 없었습니다. 우리와 차를 마시면서 토론하지도 않았고, 함께 축하하지도 않았습니다. 깜짝 놀랐습니다. 이전에는 그런 사람이 아니었는데."

페렐만 박사는 세미나 같은 공동 작업이 있는 날 이외에는 연구소에 얼굴을 내밀지 않았다. 사람 만나는 것을 극도로 피하고 연구에만 매달렸다.

| 일 곱 가 지 미 해 결 문 제 |

영국의 수학자 곳프리 해럴드 하디(Godfrey Harold Hardy, 1877~1947)는 일찍이 이렇게 말했다.

"물리학과 화학에서의 '진리'는 시대에 따라 달라진다. 그러나 수학적 진리는 1,000년 전에도, 1,000년 뒤에도 변함없이 진실하다."

실용적인 것보다 오히려 영원히 보편적이기를 바란 수학자들. 하지만 수학을 바라보는 사회의 눈은 확실히 달라졌다.

21세기의 막이 오름과 동시에 푸앵카레 추측도 새로운 시대를 맞이했다.

2000년 5월 25일, 미국 각지의 신문에 이런 톱기사가 실렸다.

"수학의 난제를 해결하기 위해 100만 달러의 상금을 걸었다."(〈워싱턴포스트〉)

"당신도 수학에 도전해서 700만 달러를 거머쥐어라!"(〈샌디에고 유니온트리뷴〉)

이날, 매사추세츠 주 보스턴의 클레이 수학연구소가 놀랄 만한 발표를 했다. 수학에서 풀리지 않은 문제 일곱 가지를 선정해 '밀레니엄 현상 문제'라고 이름 붙이고, 만일 이 문제를 해결하면 한 문제당 100만 달러(약 14억 원)를 상금으로 수여한다고 선언한 것이다.

그 일곱 문제 중에 푸앵카레 추측도 들어 있었다.

클레이 수학연구소는 1998년 수학자를 지원하고 수학연구 진흥이라는 목적으로 설립된 사설 연구기관이다. 아서 제프(Arthur Jaffe, 하버드 대학 수리물리학), 앤드류 존 와일즈(Andrew John Wiles,

일곱 가지 밀레니엄 문제
P-NP 문제(P versus NP)
호지 추측(The Hodge Conjecture)
푸앵카레 추측(The Poincaré Conjecture)
리만 가설(The Riemann Hypothesis)
양-밀스 질량 간극 가설(Yang-Mills Existence and Mass Gap)
내비어-스톡스 방정식(Navier-Stokes Existence and Smoothness)
버츠와 스위너톤-다이어 추측(The Birch and Swinnerton-Dyer Conjecture)

1953~ , 프린스턴 대학 정수론), 알랭 콘느(Alain Connes, 1947~ , 프랑스 고등과학연구소 기하학), 그리고 에드워드 위튼(Edward Witten, 1951~ , 프린스턴 고등연구소 이론물리학)이라는 현대 수학과 물리학에서 최첨단을 달리는 연구자들을 멤버로 한 과학자문위원회를 조직해 '오랫동안 해결하지 못한 문제', '최고의 수학자가 수 년 동안 씨름해 온 전통 있는 문제', '해결이 수학에 지대한 영향을 끼친다고 생각할 수 있는 문제'를 선정 기준으로 삼아 일곱 가지 난제를 꼽은 것이다.

클레이 연구소에서 발표한 밀레니엄 현상문제는 리만 가설, P대 NP 문제 등 오래된 것은 150년, 새로운 것이라고 해도 30년 넘게 미해결인 난제들뿐이었다. 푸앵카레 추측도 토폴로지라는 새로운 분야를 이끌어 온 것이 높은 평가를 받았다.

일곱 난제는 말하자면 수학계가 20세기에 하다 만 작업 목록이었다. 이 문제를 해결하지 않는 한 21세기의 수학은 열리지 않는다는 사상의 표현이었다.

이 난제는 그동안 수많은 전설을 낳았다. 예를 들면 1997년 4월, 프린스턴 고등연구소의 수학자 엔리코 봄비에리(Enrico Bombieri, 1940~) 박사는 "한 젊은 생리학자가 한순간에 리만 가설을 풀 수 있는 방법을 생각해 냈다."고 지인에게 메일을 보내서 수학계를 떠들썩하게 만들었다.

리만 가설은 소수(2, 3, 5, 7, …… 처럼 1과 자기 자신으로만 나누어지는 자연수)가 나타나는 방법의 규칙성에 관한 것으로, 현대 보안 시스템에 빼놓을 수 없는 컴퓨터 암호와 밀접한 관계가 있다. 미국의 대기업이 이 문제를 증명하기 위해 수많은 연구자를 고용하는 등 막대한 자금을 쏟아 부을 정도로 중요한 문제였던 만큼 '해결' 되었다는 충격은 미국 안전보장국이 프린스턴에 비밀경찰을 파견할 정도로 확대되었다.

하지만 이것은 다름 아닌 봄비에리 박사가 꾸민 만우절 장난 메일이었다. 이 메일을 보낸 날짜가 4월 1일이었던 것이다.

한편, 수학 문제에 현상금을 거는 데에 반대한 사람도 많았다. 상트페테르부르크의 스테클로프 연구소에 소속된 아나토리 벨시크 박사도 그중 한 사람이다.

벨시크 박사는 한때 페렐만 박사의 동료이기도 했다. 그는 설령 받는 돈은 적더라도 교육 같은 잡무에 얽매이지 않고 자신의 연구에 모든 것을 바쳐야 한다는 생각을 관철해 온 수학자이다.

"문제에 상금을 제시한다는 발상은 좋지 않습니다. 물론 젊은 사람이 문제를 풀었을 때 상을 주는 것은 좋은 일이고 자연스러운 일입니다. 오히려 지금보다 상을 더 많이 주는 것이 바람직할지 모릅니다. 그러나 큰돈을 눈앞에 들이대고 문제를 풀라고 하는 것은 수학적인 태도가 아닙니다."

박사는 「그것이 정말 수학을 위한 일인가?」라는 제목으로 논문까지 출판했다. 거기에서 일부를 인용한다.

> 나는 내 오랜 친구이자 클레이 수학연수소의 간부였던 아서 제프 박사에게 물었다. "이런 일을 할 필요가 있습니까?"라고. (중략)
> 그러자 그는 대답했다. "당신은 미국인의 삶을 전혀 이해하지 못한다. 만일 정치가나 비즈니스맨, 아니면 주부가 수학을 잘하면 100만 달러를 벌 수 있다는 것을 이해한다면 그들은 아이들이 수학자가 되는 것을 막지 않을 것이다. 아이에게 의사나 법률가, 그 밖에 돈을 잘 버는 직업을 가지라고 강요하는 일도 없어질 것이다."

그렇다면 클레이 수학연구소는 이 논의를 어떻게 받아들였을까. 현재 소장이며 수학자이기도 한 짐 칼슨(Jim Carlson) 박사에게 물었다.

– 수학에 현상금을 거는 것을 반대하는 의견이 있는데, 어떻게 생각하십니까?

▶ 짐 칼슨 박사

　"현상금이 좋지 않다고 생각하는 것은 정통 견해라고 생각합니다. 그러나 현상금은 젊은 사람들의 관심을 끄는 데 매우 효과적인 방법입니다. 밀레니엄 문제 발표 이후 내게 'ㅇ▲ 추측 상금에 관해서 들었다.'며 찾아오는 학생이 늘었습니다. 그것은 많은 학생과 수학 이야기를 나눌 아주 좋은 기회입니다.

　일반인이 수학에 관심을 갖게 하는 캠페인으로도 상금은 효과적입니다. 아직 1센트도 상금을 사용하지 않았는데 벌써 놀랄 만큼 많은 사람이 밀레니엄 문제를 알고 있지 않습니까?"

　- 난제가 풀렸을 때, 실제로 100만 달러를 지급할 가치가 있을까요?

　"우리가 오래 전부터 알고 있는 '피타고라스정리'를 생각해 봅시다. 답은 저절로 나옵니다. 이것은 기원전 300년에 증명되었는데, 당시에는 이렇게까지 널리 사용되리라고는 아무도 생각하지 못했을 것입니다. 그러나 지금은 측량할 때나 GPS로 지상의 두 점 사이의 거리를 계산할 때 등 생활 곳곳에서 널리 사용되어 현대 사회는 피타고라스정리 없이는 성립하기 어렵다고 할 정도입니다.

만일 정리를 이용할 때마다 피타고라스에게 1센트를 내야 한다면 그 가치는 100만 달러를 훨씬 넘을 것입니다. 그러므로 밀레니엄 문제를 긴 안목에서 보면 그 가치는 100만 달러보다 훨씬 큽니다."

— 그러면 100만 달러의 상금은 수학자가 난제와 씨름하는 가장 큰 동기가 되는 건가요?

"당연히 아닙니다. 이 질문에는 수학자의 한 사람으로서 대답하겠습니다. 수학자가 문제에 도전하는 동기, 그것은 미지의 것을 동경하는 마음입니다. 수학자는 어린아이와 똑같습니다. 단지 모르는 것을 알고 싶어 할 뿐입니다. 아이는 자기 주위의 세계를 이해하고 싶어 하는 생물입니다. 선천적인 과학자입니다. 우리 수학자는 이를테면 어른이 되어서도 그 호기심을 잃지 않은 사람일 뿐입니다. 수학자의 호기심은 남극과 북극, 아마존을 발견한 탐험가들과도 다르지 않습니다. 지금 이 지구상에서 미개척지라고 생각할 만한 곳은 거의 없습니다. 하지만 머릿속 지적 세계에는 어떤 제한도 없습니다. 미지인 것이 무한히 있습니다."

밀레니엄 현상문제를 발표한 해에 수학자 몇 명이 "푸앵카레 추측을 풀었다."고 선언했다. 그러나 모두 논문에서 오류가 발견되어 철

회했다.

| 1 0 0 년 에   한   번   일 어 나 는   기 적 |

2002년 가을, 수학계에 이상한 소문이 돌았다. 인터넷에 푸앵카레 추측과 기하화 추측 증명이 올라와 있다는 내용이었다.

푸앵카레 추측을 증명했다는 수학자들의 속단은 종종 수학계에 큰 소동을 일으켰다. 말하자면 그만큼 '흔한 이야기'였다. 인터넷에 실린 논문 이야기도 처음에는 아무도 진지하게 받아들이지 않았다.

토폴로지 전문가인 컬럼비아 대학의 존 모건(John Morgan) 박사는 그 연구결과를 처음부터 무시했던 사람이다.

"처음에는 '어차피 엉터리일 텐데' 하고 가볍게 넘겼습니다. 소문을 들은 다음 날 논문을 보았는데, 첫머리의 서문만으로는 얼마나 제대로 된 논문인지 판단하기 어려웠습니다. 논문은 '이와 같은 생각을 일반화하면 서스턴의 기하화 추측을 증명할 수 있다. 따라서 푸앵카레 추측도 증명할 수 있다.'고 쓰여 있었죠. 나는 이렇게 중얼거렸습니다. '맞아, 이 말은 지겹도록 들었어.'라고요."

예일 대학의 브루스 클라이너(Bruce Kleiner) 박사도 기하화 추측을 목표로 연구하는 사람이었다. 그는 소문의 논문 저자 이름을 보고 당황했다고 한다.

"나는 인터넷에 논문이 게시된 그날 보았습니다. 기하화 추측을 증명했다고 주장하는 사람이 페렐만이라는 사실을 알고 충격을 받았던 것을 기억합니다. 수학자로서 뛰어난 재능이 있고, 매우 광범위한 지식과 높은 실력을 가졌다는 것을 알기 때문입니다. 그러나 처음에 수학계는 반신반의했습니다. 왜냐하면 지금까지 이 역사적인 추측을 증명했다는 주장이 옳았던 적은 한 번도 없었기 때문입니다."

하지만 그 증명이 참이라는 것을 처음부터 확신했던 수학자가 있었다. 뉴욕 대학에서 이적해, 당시 매사추세츠 공과대학(MIT) 교수였던 강 티안 박사다. 박사는 어느 날 메일 한 통을 받고 그 논문을 알게 된다.

티안에게

arXiv : math.DG/0211159에 내 논문을 올렸다는 사실을 알립니다.

〈개요〉

모든 차원에서 유효하고 곡률의 가정도 필요 없는 리치 흐름의 단조성 공식을 보인다.

이것은 어떤 종류의 커노니컬(canorical) 집합(정준집합, 에너지를 서로 교환할 수 있는 동일체계의 집합—옮긴이)의 엔트로피라고 해석할 수 있다.

(중략)

3차원의 닫힌 다양체에 관한 서스턴의 가하화 추측을 증명하기 위해 리처드 해밀턴의 프로그램과 관련된 몇 가지 주장을 증명한다. 그리고 국소적으로 곡률이 아래로 유계(bounded below)일 때의 붕괴에 관한 과거의 성과를 낳은 기하화 추측의 절충적인 증명의 개요를 보인다.

그리샤 페렐만

그것은 다름 아닌 페렐만 박사가 보낸 메일이었다.

지정한 인터넷상의 논문을 본 티안 박사는 곧바로 용건만 전하는 간결한 답장을 썼다.

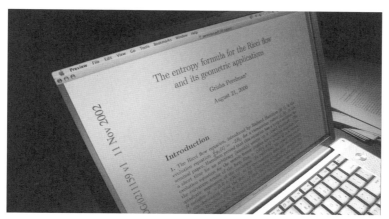

▶ 인터넷에 공개된 페렐만 박사의 논문

그리샤에게

지금, 당신의 논문을 읽었습니다. 매우 흥미롭습니다.

MIT에 와서 이 논문에 관해 강의를 해 주지 않겠습니까?

논문 내용을 해설해 주면 좋겠다는 티안 박사의 권유를 페렐만 박사는 흔쾌히 수락했다. MIT에 이어서 프린스턴 대학과 뉴욕 대학 스토니브룩 캠퍼스도 똑같은 제안을 해서 세 대학에서 특별 강연이 열렸다.

티안 박사가 페렐만 박사를 초청하는 메일을 쓰기까지 겨우 사흘밖에 걸리지 않았다.

"나는 이 분야를 잘 알고, 무엇보다 페렐만을 잘 압니다. 중요한 논문이라는 걸 한눈에 알 수 있었습니다. 그는 매우 성실한 수학자입니다. 그런 그가 오랫동안 침묵하고 있었던 것은 뭔가 있기 때문일 것이라고 생각했습니다."

전 세계 수학자들은 그의 증명 어딘가에 틀림없이 논리의 파탄이나 비약이 있을 것이라고 의심했다. 하지만 아무리 자세히 읽어도 명확한 오류를 찾아 낼 수 없었다. 정확히 말하면 그것이 참인지 아닌지조차 판단하지 못했던 것이다.

다음 해 2003년 4월, 마침내 수학계가 손꼽아 기다리던 날이 찾아왔다.

그 인터넷 논문을 집필한 사람이 뉴욕에서 강연을 한다는 뉴스는 전 세계에 보도되었고, 회장은 푸앵카레 추측에 도전했던 수학자들, 그리고 토폴로지 전문가들로 가득 찼다. 서 있는 사람은 물론이고 바닥에 앉은 사람까지 있었다.

그중에는 페렐만의 증명에 의문을 가졌던 존 모건 박사와 브루스 클라이너 박사, 그리고 쿠란트 수리과학연구소의 제프 치거 박사의 모습도 있었다. 푸앵카레 추측을 증명하는 데 반생을 바친 발렌틴 포에나르 박사도 파리에서 날아왔다.

갑자기 박수 소리가 크게 울리면서 회장은 삽시간에 흥분에 휩싸였다. 그가 단상에 나타난 것이다.

긴 머리와 긴 손톱, 회색빛 정장에 스니커 차림. 일찍이 난제를 해결할 수 있을 것 같다는 말을 남기고 미국을 떠난 바로 그 페렐만 박사였다.

통상 학회에서 사용하는 프레젠테이션용 자료는 하나도 없었다. 박사는 분필을 들고 강당의 거대한 칠판을 향해 메모도 없이 강의를 시작했다.

존 모건 박사는 강의하던 모습을 손바닥 들여다보듯 뚜렷이 기억하고 있었다.

"부끄러움을 많이 타는 성격인지 처음에는 침착해 보이지 않았습니다. 자신이 세상의 주목을 받고 있다는 걸 의식하는 것 같았습니다. 강의가 시작되었을 때, 작은 테이프레코더를 책상 위에 놓고 페렐만의 이야기를 녹음하던 학생이 있었습니다. 그는 한두 마디 하고 나서 테이프레코더가 돌아가고 있다는 것을 알아차리고 무엇이냐고 물었습니다. 학생이 자초지종을 설명하자 험악한 표정으로 손가락을 흔들며 녹음을 중지시켰습니다."

페렐만 박사는 강의에 앞서 어떤 미디어 취재도 사양하겠다고 티안 박사에게 말했다. 티안 박사에 따르면 자신의 연구를 전혀 이해하지 못하는 보도진과 이야기하는 것에는 관심이 없고, 연구를 진심으로 이해하는 사람하고만 이야기하고 싶다고 말했다는 것이다.

박사는 강의 초반, 리처드 해밀턴 박사의 업적을 정중하게 소개했다. 30분에 걸쳐서 "이 부분은 해밀턴 박사가 증명한 것입니다."라고 양해를 구하면서 이야기를 계속했다. 마침내 "그 후로 나는 이렇게 했습니다."라고 말하고 자신의 증명을 해설하기 시작했다.

누가 어떤 질문을 해도 그 자리에서 대답해 줬기 때문에 페렐만 박사는 자신이 쓴 내용은 물론 리치 흐름과 기하화 추측을 모두 습득했다는 것을 증명했다. 그러나 청중들은 대부분 그의 이야기를 이해하는 데 애를 먹었다.

수학자들이 고생한 것은 증명을 진행하는 페렐만 박사의 방법 때문이었다. 그것은 토폴로지 연구자들이 100년 동안 익숙하게 사용했던 수법과 비슷해 보이면서도 비슷하지 않았다.

100년에 걸친 푸앵카레 추측 연구에 관해 속속들이 알고 있는 포에나르 박사조차 페렐만 박사의 강의에 압도되었다.

"토폴로지 전문가들은 페렐만의 이야기를 전혀 이해하지 못했습니다. 이야기의 내용은 분명 푸앵카레 추측을 다루고 있었지만 흐름을 따라가지 못했습니다."

그리고 토폴로지야말로 수학의 왕자라고 믿고 연구해 온 존 모건 박사는 놀라운 사실을 깨달았다.

"얄궂게도 그 증명은 토폴로지가 아닌 미분기하학을 사용했던 것입니다."

어째서 페렐만 박사는 토폴로지의 상징으로 여겨 온 세기의 난제를, 일찍이 토폴로지가 진부하다는 이유로 멀리했던 미분기하학의 최신 지식을 구사해서 푼 것일까?

게다가 증명에는 '에너지', '엔트로피', '온도' 같은 단어가 자주 등장했다. 페렐만 박사는 고등학교 시절에 배운 물리학의 연장선 위에 있는 열역학의 세계까지 파고들어가 난제에 도전했던 것이다.

그것은 토폴로지야말로 수학의 왕자라고 믿었던 연구자들에게 엄청난 충격을 주었다.

그야말로 악몽이었습니다. 내가 모르는 방법으로 푸앵카레 추측이 증명되는 순간을 줄곧 두려워했습니다. (발렌틴 포에나르 박사)

▶ 존 모건 박사

그때까지 푸앵카레 추측을 풀기 위해 매달려 온 수학자들은 증명이
모두 끝난 것에 낙담했고, 토폴로지 수법을 쓰지 않은 것에 낙담했
으며, 나아가 증명을 이해하지 못해서 낙담했습니다. 토폴로지 전문
가들은 '아, 마침내 푸앵카레 추측이 증명되었다. 하지만 우리는 그
증명을 전혀 이해할 수 없다. 누가 좀 도와줘!' 라는 느낌이었습니
다. (존 모건 박사)

나아가 또 한 가지 기묘한 일이 있었다. 페렐만 박사는 세기의 난
제를 "증명했다."는 선언을 강연 중에 단 한 번도 입 밖으로 꺼내지
않은 것이다.

페렐만이 보통이 아닌 일을 한 것만은 분명했습니다. 그러나 푸앵카

레 추측을 증명한 것인지 아닌지, 그의 말은 몹시 모호했습니다. 그
는 한 번도 정확히 해결을 선언하지 않았습니다. (브루스 클라이너
박사)

청중들은 대부분 페렐만이 '선언'을 할 것인지에 관심이 많았다.
그러나 강의는 조용히 진행되었고, 오히려 좀 더 기술적이 되어 있
었다. 날이 갈수록 청중은 줄었고, 남은 사람이라고는 필기를 하면
서 강의에 집중하는 수학자뿐이었다. 강의 마지막에 "문제는 풀렸
다."고 발표할 사람이 없다는 것은 누가 봐도 명확했다.
  그러면 페렐만은 기하화 추측을 풀지 못한 것일까? 그렇지 않다.
일반 방법과는 달랐지만 매우 평범한 방법으로 논문에 명확히 기술
되어 있었다.

전형적인 수학논문에서는 본문 안에 굵은 글씨나 이탤릭체로 '정
리'라고 쓰고, '기하화 추측'이라고 씁니다. 그런 식으로 강조하는
것이죠. 하지만 페렐만은 그렇게 하지 않았습니다. 해결은 어느 단
락 한가운데에서만 다루었습니다. 그는 팡파르를 바라지 않았던 거
죠. 조금 색다른 태도였지만 그것이 결코 우선 사항은 아니었습니
다. (브루스 클라이너 박사)

미국에서 진행된 연속된 강의가 대성공으로 끝났다. 강의를 준비

▶ 브루스 클라이너 박사

한 강 티안 박사는 증명 내용에서 이상하다고 생각한 점을 페렐만 박사에게 일일이 물으면서 2주라는 시간 동안 일찍이 동료로서 함께 했던 뉴욕 대학 시절보다 훨씬 더 농후한 의논을 주고받았다고 한 다. 티안 박사는 처음으로 '이 증명에 포함된 기술적 노하우는 분명 내 연구에도 살릴 수 있다.'고 생각할 정도였다고 한다.

미국 체재가 끝나가던 어느 날, 티안 박사는 페렐만 박사에게 점심 을 대접하겠다며 산책을 나가자고 했다. 푸른 하늘에 구름 한 점 없 는 청명한 날이었다. 두 사람은 MIT 캠퍼스 근처 찰스 강가의 산책 로를 천천히 걸었다.

"우리는 대학 근처에 있는 하버브리지를 건너 강을 따라 걸으면서 수학 이야기, 그가 해결한 문제와 그의 예상 등을 이야기했습니다.

그 밖에도 가족과 러시아 이야기도 했습니다. 매우 기분 좋은 산책이었습니다."

짧은 산책을 하는 동안 페렐만 박사는 놀랄 만한 사실을 잇달아 털어놓았다.

박사에 따르면 러시아에 귀국한 다음 해인 1996년 2월쯤, 문제의 돌파구가 보여 본격적으로 연구에 착수할 결심을 했다고 한다. 더욱 놀랐던 것은 논문을 발표하기 2년 전에 이미 문제를 해결했다는 것이었다. 그렇다면 2000년에 문제를 해결했다는 말이 된다. 만에 하나 실수가 있으면 안 된다고 생각해서 증명이 참이라고 확신할 때까지 발표를 미루었다고 한다.

산책에서 돌아오는 길에 페렐만 박사는 티안 박사에게 한 가지 부탁을 했다.

"페렐만은 이렇게 말했습니다. '가능하면 1년 반에서 2년 안에 세상에 자신의 증명을 알리고 싶다고.' 그는 자신의 증명이 참이라는 사실을 널리 인정받고 싶었던 것입니다. 물론 그 자신은 참이라고 믿었고요."

자신이 주목을 받거나 여러 사람의 입에 오르내리는 것을 극도로 싫어했던 페렐만 박사. 그러나 자신이 달성한 수학은 하루라도 빨리 이해받기를 바랐다.

| 세 기 의 난 제 가 풀 렸 다 |

  페렐만 박사는 2002년부터 2003년까지 기하화 추측과 푸앵카레 추측에 관한 세 개의 논문을 발표했다. 그것들은 박사의 과거 논문과 마찬가지로 매우 간결하고 난해했다. 미국의 강 티안 박사와 존 모건 박사, 브루스 클라이너 박사와 존 로트(John Lott) 박사, 그리고 중국의 수학자 두 사람, 합계 세 그룹, 여섯 명의 수학자가 중심이 되어 논문 검사를 시작했다.

  존 모건 박사는 수학자 두 사람씩 그룹을 짠 것은 페렐만 박사의 논문이 한 가지 전문 분야만으로는 감당할 수 없을 만큼 폭넓었기 때문이라고 말한다.

  "강 티안의 전공 분야는 해석학에 가깝고 나는 위상기하학이기 때문에 우리 두 사람은 자연스럽게 파트너가 되었습니다. 해석과 위상기하의 틈을 메우려면 팀을 짜야만 했습니다. 위상기하학에 강한 브루스 클라이너와 미분기하학의 존 로트도 마찬가지로 콤비가 되었죠."

  하지만 페렐만 박사의 증명을 읽어나가는 것은 매우 어려운 일이었다. 말은 매우 간결했지만 박사가 '자명'하다고 생각한 부분이 생략되어 있었기 때문에 처음 보는 사람 눈에는 증명이 군데군데 빠진 것처럼 보였다.

  "예를 들면 본문에 '단순한 논의에 따라 …… A는 B가 된다 …….'는 말이 자주 나옵니다. 그러나 A와 B는 보통 금방 파악할 수

없는 이야깁니다. 페렐만은 무엇을 근거로 A와 B를 연결지은 걸까
……. 우리는 그저 그의 사고를 쫓아가기에 바빴습니다."

페렐만 박사가 말하는 'A에서 B'를 잇는 길은 모두 기존 논리의
조립으로는 이해할 수 없는 참신한 것뿐이었다. 그러나 한번 이해하
고 나면 그 길 외에 다른 길은 생각할 수 없을 만큼 단순한 길이라는
사실을 깨달았다고 한다. 존 모건 박사는 그것을 깨달았을 때, 페렐
만 박사가 논의를 생략한 것이 아니라 이 길을 정확히 한 번 걸었다
는 것을 확신하게 되었다고 말한다.

"수학에서 가장 특별한 순간은 문제를 다른 각도에서 보았을 때
이전에는 보지 못했던 것이 갑자기 명확해질 때입니다. 울창한 숲이
라고 생각했는데 적절한 장소에 서 보니 나무들이 한 줄로 정연히
늘어서 있는 것이죠. 다른 각도에서 보면 그 구조는 보이지 않고 마
구잡이로 서 있는 나무만 보입니다. 하지만 적절한 쪽으로 방향을
바꾸면 갑자기 그 구조가 드러나 보이는 것입니다. 수학이란 이런
겁니다. 내게 페렐만의 논문은 그런 순간의 연속이었습니다. 나는
몇 번이나 '아름답다!'고 생각했습니다."

페렐만 박사의 증명이 대체 무엇이었기에 모건 박사와 티안 박사
의 눈에 '아름답게' 보였을까. 그들의 뒤를 쫓아서 우리도 페렐만 박
사의 증명의 세계로 들어가 보자.

1981년에 "우주는 여덟 가지 기본형으로 나눌 수 있다."고 추측한 서스턴 박사는 복잡하게 얽힌 우주를 어떻게 일일이 기본형으로 떼어 내야 좋은지 구체적인 방법은 보여 주지 않았다. 다시 말해 만화경을 보는 것처럼 자유자재로 변하는 우주 전체의 형태가 '비즈'처럼 기본 피스로 구성될 것이라는 추측은 했지만, 실제로 기본 피스를 어떻게 골라내야 좋을지는 몰랐던 것이다.

좀 더 엄밀하게 말하면 우주 전체를 몇 개의 피스로 대충 분리할 수는 있어도 그 피스가 어떤 모양을 하고 있는지는 판정하지 못했다. 이를테면 복잡한 모양의 떡(우주)을 작은 조각으로 잘게 찢었는데, 찢은 떡 조각(우주의 기본 피스) 자체도 모양이 너무 복잡해서 정확히 '어떤 모양'이라고 판정해야 좋을지 분명하지 않다는 것이다.

분리한 우주의 모양을 깔끔하게 만들기 위해 리처드 해밀턴 박사가 제창한 것이 바로 리치 흐름 방정식이었다.

$$\frac{\partial}{\partial t} g_{ij} = -2R_{ij} \text{ (리치 흐름)}$$

이 방정식의 의미는 "우주의 형태에 어떤 변화 요인을 더하고, 시간(t)을 경과시키면 복잡한 모양의 우주는 최종적으로는 깔끔한 모양으로 변한다."는 것이다.

해밀턴 박사는 이 리치 흐름 방정식이 물리학에서 사용하는 '열

'방정식'과 본질적으로 같다는 것을 보여준다.

$$\frac{\partial u}{\partial t} = C^2 \frac{\partial^2 u}{\partial x^2} \text{ (열 방정식)}$$

이 열 방정식이 의미하는 것은 다음과 같은 현상이다.

방 안에서 난로에 불을 붙이면 처음에는 난로 주위만 따뜻하고 난로에서 멀리 떨어진 곳은 온도 변화가 없다. 하지만 시간이 지나면 방안 전체가 따뜻해진다. 방 안이 모두 따뜻해졌을 때 다시 난롯불을 끄면 방안 온도는 점점 균일하게 식는다. 다시 말해 처음에는 방안 온도에 기복이 있지만 그것이 점점 같아지는 현상이다.

이 열 방정식에서 다루는 '열'을 '형태(곡률)'로 옮겨 놓은 것이 리치 흐름이다. 이른바 '요철 있는 형태'를 시간과 함께 '평평한 형태'

em. *Let* g_{ij} *be a complete solutio*
low

$$\frac{\partial}{\partial t} g_{ij} = -2R_{ij}$$

or t in some time interval $0 < t <$
e curvature operator, so that

▶ 페렐만 박사가 난제를 푸는 계기가 된 리치 흐름 방정식

로 변화시키는 방정식이다. 예를 들면 들쭉날쭉한 모양을 한 납땜에 인두로 열을 가하면, 설령 처음에는 아무리 복잡한 형태라도 시간이 지나면 매끈하게 변한다는 이미지이다.

아니면 빨대로 비눗방울을 불 때를 생각해 보자. 빨대에서 나온 비눗방울은 처음에는 요철을 가진 흐물흐물한 형태다. 하지만 일정 시간이 지나면 반드시 '깔끔한 구'가 된다.

형태의 요철을 고르게 해서 완만하게 만든다. 대충 이것이 리치 흐름 방정식이 하는 일이다.

이 아이디어로 해밀턴 박사는 분리해 낸 우주 피스의 '형태'를 정돈하는 데 성공했다고도 생각할 수 있다. 그러나 이 아이디어에는 골치 아픈 결점이 있었다.

우주의 형태를 비눗방울처럼 변화시킬 때 그 형태가 조절하기 어렵고 때로는 찢어져 버린다. 마치 비눗방울 막이 얇아져서 찢어지는 것처럼. 찢어지면 우주의 형태 자체가 없어져서 계산을 계속할 수 없다. 이런 현상을 수학적으로 "특이점이 생긴다."고 하는데, 해밀턴 박사는 거기에서 앞으로 나아가지 못했다.

그러면 페렐만 박사는 어떻게 이 결점을 극복했을까?

모두가 알고 있듯이 박사는 이 '특이점' 조작이 전문이다. 박사는 비눗방울이 찢어지려고 할 때는 '시간'을 뒤로 돌려도 된다는 미증

유의 아이디어를 제시했다. 그의 계산에서는 시간을 과거로 거슬러 가도 되고, 그렇게 하면 우주는 찢어지지 않고 깨끗한 형태로 나눌 수 있다는 것이다.

비눗방울이 얇아져서 찢어져 버리면 그 영상을 과거로 되감아 찢어진 점(특이점)을 크게 확대해서 어떻게든 찢어지지 않게 계산을 진행한다……

페렐만 박사는 'L 함수'라고 이름 붙인 새로운 개념을 도입해서 시간을 미래 그리고 과거로 자유롭게 조종하면 파탄 없이 계산을 진행할 수 있다고 주장했다. 그렇게 해서 이 '우주의 특이점'을 멋지게 극복한 것이다.

매우 특수하고 응용이 불가능한 분야라서 '별난 수학'이라는 야유를 받기도 했던 '특이점' 연구. 하지만 그것이 세기의 문제를 해결하는 열쇠가 되었다.

토폴로지를 상징하던 난제가 맨 먼저 미분기하학의 아이디어(리치 흐름)로 무너지고, 나아가 물리학에서 유래한 아이디어를 도입하여 해결하는 모습을 검증한 수학자들은 어떻게 보았을까?

페렐만의 논문에는 믿을 수 없는 힘이 있었습니다. 말하자면 그는 색이 다른 공 예닐곱 개를 공중에서 능숙하게 돌리는 저글러입니다. 논의 하나하나가 눈에 띄게 복잡한 고찰을 요하지만, 덧붙여서 그것들의 위치관계를 제대로 확인하지 않으면 논의의 흐름을 놓쳐 버립니다.

그의 전공은 러시아 수학자들이 특히 뛰어난 분야인 '알렉산드로프 공간'입니다. 그러나 그것은 미분기하학의 이론이기 때문에 리치 흐름 방정식과는 관계가 없습니다. 그는 러시아로 돌아가 7년 동안 해밀턴이 해석학으로 무엇을 했는지 연구했을 것입니다. 그것과 과거 100년의 토폴로지를 통찰한 것을 결합해서 증명을 완성한 것입니다. (존 모건 박사)

페렐만의 해답에는 해석학 분야에서 친숙한 편미분방정식의 사고가 크게 관계하고 있다고 볼 수 있습니다. 그러나 반면 기하학자는 페렐만의 해답에서 기하학적 사고를 봅니다. 알렉산드로프 공간, 비교 기하학, 극한조작 논의 …….

게다가 7장에서는 완전히 새로운 사고인 L함수를 소개하고 있습니다. 이 사고의 뿌리는 최종적으로 물리학에서 왔다고 생각합니다. (브루스 클라이너 박사)

페렐만 박사의 친구인 강 티안 박사는 찰스 강에서 페렐만과 산책한 지 정확히 2년 뒤, 세기의 난제가 풀렸다고 확신했다. 그리고 이런 메일을 썼다.

그리샤에게

보스턴에서 산책한 뒤 많은 시간이 흘렀습니다. 그러나 최근 겨우 당신의 기하화 추측에 관한 논문 해독을 진행했습니다. 작년, 나는 학생들과 함께 당신의 논문을 읽었고, 다른 수학자와도 의견을 나누었습니다.

그제야 겨우 우리는 당신의 논문을 이해할 수 있었습니다. 그 논문은 틀림없습니다.

작년 봄, 찰스 강가를 산책하면서 당신이 말했던 "1년쯤 걸릴지 모르겠다."는 말이 정말로 현실이 되었네요.

(중략)

당신이 가까운 시일 내에 다시 미국에 오셔서 수학 이야기를 좀 더 나눌 수 있기를 바랍니다. 물론 그전에 전 세계가 당신을 초대하겠지만.

티안

티안 박사는 페렐만 박사가 틀림없이 이메일을 받았을 것이라고 말한다. 하지만 답장은 없었다.

| 왜 그였을까? |

"우주가 어떤 형태든 그것은 최대 여덟 종류의 조각으로 이루어진다."는 서스턴의 기하화 추측이 증명되었다. 그것은 동시에 "우주에 두른 밧줄을 모두 회수할 수 있다면 우주는 둥글다고 말할 수 있다." 는 그 유명한 푸앵카레 추측이 증명된 것이기도 했다.

1904년, 20세기 '지의 거인' 푸앵카레가 낳은 난제는 그의 예언대로 꿈에서도 예상치 못한 미지의 세계로 수학자를 인도했다. 수많은 인생을 희롱했고, 사람들에게 수학의 바닥이 얼마나 깊은지 깨닫게 했다.

그리고 그 증명은 아무도 예상하지 못한 형태로 막을 내렸다.

이쯤에서 소박한 의문이 생기는 분도 있을 것이다.

왜 페렐만 박사일까? 페렐만 박사가 세기의 난제를 최종적으로 푼 해결자가 될 수 있었던 까닭은 과연 무엇일까?

페렐만 박사에게 수학 교수직을 제안했다가 거절당한 야코브 엘리어쉬버그 박사는 페렐만 박사의 모든 행동에는 이유가 있다고 말한다.

지금 생각하면, 페렐만 박사가 스탠퍼드 교수직을 거절한 것도 분명한 이유가 있었기 때문이고, 좀 더 거슬러 올라가면 1992년에 미국 유학을 결정한 것도 단순히 학업을 위해 연구 환경을 바꾼다는 동기는 절대로 아니었다고 엘리어쉬버그 박사는 생각한다.

"페렐만이 모든 유혹을 뿌리치고 러시아로 돌아간 것은 단지 문제에 집중하고 싶었기 때문입니다. 대학 교수라는 지위는 수학에만 시간을 쏟을 수 있는 자리가 아닙니다. 학생도 지도해야 하고 잡다한 업무도 처리해야 하는 등 수학 연구 외에 해야 할 일이 산더미처럼 쌓여 있습니다. 수학 연구만 하고 싶다면 대학에 남아서는 안 됩니다.

애초에 미국으로 건너온 것도 당시 뉴욕에 있던 그로모프 박사와 치거 박사, 그리고 해밀턴 박사가 난제를 해결하는 데 도움이 될 인물이라고 판단했기 때문이 아닐까요?

그가 미국으로 온 지 3년이 되었을 때는 이미 러시아에서 살기 위한 자금을 충분히 모았을 것입니다. 미국의 만안 지역, 특히 버클리 주변은 물가가 비싸기 때문에 보통 장학생 수입으로는 저축 같은 건 못 합니다. 그러나 그는 검소했기 때문에 저축도 할 수 있었고, 당시 러시아에 있던 가족에게 돈까지 부칠 수 있었습니다. 그가 미국으로 온 목적은 모두 달성한 것입니다.”

브루스 클라이너 박사는 페렐만 박사가 난제를 해결할 수 있었던 배경을 '푸앵카레 추측에 응용할 수 있는 수학적 테크닉이 쌓였기 때문'이라고 말한다. 하지만 동시에 페렐만 박사가 폭넓은 분야에서 수학의 지식을 익힐 수 있었던 보기 드문 '만능 선수'라는 점도 인정한다.

“수학자 중에서 두 분야 이상에서 커다란 공헌을 할 수 있는 사람은 거의 없습니다. 시간도 많이 걸릴뿐더러 두 분야 이상을 습득하기 위해서는 처음부터 새로운 사고를 재구축해야 하기 때문입니다.

▶ 미하일 그로모프 박사

　그런데 페렐만은 가령 장대높이뛰기와 100미터 달리기, 넓이뛰기와 포환던지기, 그 모든 종목에서 금메달을 딸 능력이 있는 육상선수와 같습니다. 그런 종목에서는 서로 다른 근력과 정신력, 다른 훈련이 필요합니다. 근력 선수는 바벨을 들어올리기 위해 근육을 단련하는데, 그것은 마라톤 주자와 같은 지구력 선수에게 필요한 근육과는 다릅니다. 페렐만처럼 동떨어진 분야를 동시에 이룰 능력이 있고, 게다가 그 수준이 매우 높은 경우는 몹시 드뭅니다."

　프랑스 고등과학연구소의 미하일 그로모프 박사는 100년에 한 번 일어날까 말까 한 난제를 해결한 이유를 합리적으로 설명하기에는 과거의 자료가 너무 적어서 어렵다고 말한다.
　"100년에 한 번 일어나는 기적을 설명하기란 실로 어렵습니다. 어쩌면 페렐만의 경우 고독을 이겨 낸 것이 성공의 이유일지 모릅니다. 고독 속에서 연구하는 것은 일상 세계를 살면서 동시에 어지러운 수학 세계에 몰입하는 것입니다. 인간성을 딱 둘로 나눠야 하는 힘든 싸움입니다. 페렐만은 그것을 끝까지 견뎌 낸 것입니다."

그로모프 박사는 세기의 난제를 해결한 것과 필즈상을 거부한 것은 표리의 관계라고 생각한다.

"그는 불필요한 일은 철저히 버리고, 자신을 사회에서 완전히 차단시켜 문제에만 집중했습니다. 그의 순수성이 7년 동안 고독한 연구를 가능하게 했고, 동시에 필즈상을 거절하게 만들었습니다. 인간의 업적을 평가할 때 순수성은 매우 중요합니다. 왜냐하면 수학, 예술, 과학, 어디든 타락이 생기면 소멸의 길을 걷기 때문입니다. 우리 사회도 논리의 순수성이 일정 수준으로 존재하지 않으면 붕괴할 것입니다. 의식하든 안 하든 관계없이 수학은 순수성에 가장 많이 의존하는 학문입니다. 자신의 내면이 무너지면 수학은 불가능합니다."

---

1) 산책을 좋아하는 수학자는 적지 않다. 연구실에 틀어박혀 있는 것보다 오히려 길을 걸을 때 연구에 집중할 수 있다고 한다. 도쿄 대학에서 혼고(本鄕) 캠퍼스 내에 있는 산시로(三四郞) 연못을 메워 부지를 효율적으로 이용해야 한다는 계획을 세웠을 때, 수학과 교수들만 "사색의 장소가 사라진다."며 맹렬히 반대했다는 에피소드는 이를 잘 보여주는 예이다. 반면에 앞에 나온 스메일 박사는 해안이나 역, 공항 등 사람들이 많고 자연스러운 잡음이 나는 장소를 좋아했다고 한다.

2) 이때 페렐만 박사가 해결한 '소울 추측'은 1972년 제프 치거 박사와 독일의 데트레프 그로몰(Detlef Gromoll, 1938 ~ 2008) 박사가 공동으로 제창한 것이다.

3) 시오야, 야마구치 두 교수가 1994년에 발표한 '붕괴 이론'에 관한 논문이 페렐만 박사의 기하화 추측 증명에 인용되었다. 증명의 열쇠를 쥐는 데 중대한 공헌을 했다고 할 수 있다.

4) 특이점
수학에서 주어진 수학적 대상이 정의되지 않는 점. 아니면 미분가능성처럼 어떤 특질을 유지할 수 없는 예외적인 집합에 속하는 점을 말한다.
예를 들면 $1/x$의 값은 $x=1$이라면 1, $x=2$라면 1/2, 3이라면 1/3, ……으로 정의할 수 있지만, $x=0$인 경우만큼은 무한대가 되어서 정의할 수 없다. 이때, $x=0$을 특이점이라고 한다.
일상생활에서 예를 찾아보면 연필 끝, 물체의 윤곽 같은 특별한 점은 '특이점'의 성격을 갖는다.

5) 대역해석학
기하학 중에서 해석학(analysis) 쪽 수법을 사용하는 연구 분야. 또 해석학이란 변하는 양을 실수와 복소수의 함수로 취급하고, 미분과 적분을 이용해서 연구하는 수학의 한 분야로, 대략적으로 말하면 X와 Y를 사용한 함수, 그리고 미분·적분기호가 널리 쓰인다. 애초에 수학을 크게 분류하면 대수학(algebra), 기하학(geometry), 그리고 해석학으로 나눌 수 있다.

끝나지 않은 도전

| 우주의 진짜 모습은? |

우주는 어떤 형태일까?

지금 천문학자들은 최신 관측 위성을 이용해 실제로 우주의 형태를 알아보고 있다.

페렐만 박사의 증명으로 우주가 취할 수 있는 형태의 선택지는 모두 밝혀졌다. 그러나 현재까지 관측한 내용에 따르면 우주가 실제로 그중 어떤 형태에 해당하는지 아는 것은 쉬운 일이 아니다.

미국 항공우주국(NASA) 고더드 우주비행 센터는 2001년 6월에 쏘아올린 WMAP(Wilkinson Microwave Anisotropy Probe)으로 불리는 우주 관측 위성으로 다양한 각도에서 우주의 모습을 역사상 가장 정밀하게 해명하려고 시도하고 있다.

WMAP 위성의 임무는 모든 천체에서 빅뱅의 흔적인 우주 마이크로파 배경방사(CMB) 온도를 관측하는 것이다.

2003년 2월, NASA는 우주의 나이와 조성에 관한 최신 관측 결과를 발표했다. 지금까지 촬영한 것 중에서 가장 상세한 '아기 때의 우주 사진' 자료를 발표하면서 지금까지 몰랐던 우주의 모습이 조금씩 밝혀지고 있다(자료는 그 후 두 번 갱신. 다음 내용은 2008년 3월 시점의 결과이다).

· 우주의 나이는 약 137억 살이다.
· 우주의 크기는 적어도 780억 광년 이상이다.
· 우주의 조성은 약 5%가 통상의 물질, 23%가 정체 불명의 암흑 물질, 72%가 암흑에너지라고 생각한다.
· WMAP 위성 자료에 지금의 우주 모델 이론을 적용하면 우주는 영원히 팽창한다는 결과가 나온다.

그리고 다음은 문제의 '우주 형태' 다.

우주의 형태는 통상 시공의 곡률로 나타낸다. 우주에 존재하는 물질의 평균밀도가 임계질량(10^{-29}g/cm^3)보다 크면 곡률이 플러스, 같으면 0, 작으면 마이너스가 되고, 각각 '닫힌 우주', '평탄한 우주', '열린 우주'에 대응한다. 현재 우주론의 주류인 '인플레이션(inflation)

▶ 찰스 베네트 박사

이론'은 우주의 곡률을 0이라고 예측했다.

그리고 WMAP 위성의 관측 결과는 이 이론을 뒷받침해 주었다. 우주의 곡률은 0, 다시 말해 평평하다는 것이다.

하지만 이 결과가 '우주 전체의 형태'를 나타내는 것은 아니다. 어디까지나 부분적, 국소적인 우주의 '굽은 정도'가 평평하다고 말할 뿐이다. 지금 가진 기술이 아무리 최신이라고 해도 광대한 우주의 아주 일부만 보았을 가능성이 크기 때문이다.

프로젝트 리더인 찰스 베네트(Charles H. Bennett, 텍사스 대학 교수) 박사는 다음과 같이 말한다.

"우리가 볼 수 있는 우주의 범위는 정해져 있습니다. 천문물리학에서는 그것을 '가시 우주'라고 부릅니다. 지금까지 관측한 바에 따르면 우주의 나이는 137억 살. 이제야 겨우 우주 초기에 생겨난 빛이 우리가 있는 곳에 닿았지만, 그보다 멀리서 온 빛은 아직 우리에게 닿지 않았습니다."

일찍이 인류는 지구를 오로지 평평한 평면이라고 믿었다. 그와 마찬가지로 지금 우리는 겨우 대우주의 가장자리에 서서 눈에 보이는 범위만으로 우주의 형태를 파악하려고 하고 있다.

| 고 독 한 천 재 는 지 금 |

2007년 7월, 우리는 다시 러시아 상트페테르부르크를 찾았다. 전 세계에 충격을 주었던 그 필즈상 수상식이 있은 지 벌써 1년이 다 되어 가고 있었다. 그리고 취재 여행은 어느덧 종반을 맞이하였다.

지난 번 방문 후, 우리는 페렐만 박사 앞으로 몇 통의 편지를 보냈다. 파리에서, 프린스턴에서, 그리고 버클리에서, 박사와 함께 난제에 도전했던 수학자들의 매력을 접할 때마다, 그리고 난제와 씨름하는 행위의 의미를 느낄 때마다, 그것을 말로 바꾸어서 여행이 끝날 때쯤 한 번만이라도 만나고 싶다고 썼다.

하지만 예상대로라고 해야 할까, 안타깝게도 답장은 한 번도 없었다.

이번 방문에 즈음해서 우리에게 구조선을 보내 준 인물이 있었다.

알렉산도르 아브라모프 선생. 페렐만 박사를 고등학교 시절부터 지켜본 은사다. 처음 러시아 방문에서 만났을 때부터 수학의 매력을 전하고 싶다는 우리의 취재 의도를 헤아려 페렐만 박사에게 추천 편지까지 써 준 분이다.

우리가 상담했을 때 선생님은 이렇게 말했다.

"나도 그리샤를 직접 만나서 해 줄 이야기가 있습니다. 나는 만날 수 있을 것 같습니다."

일찍이 밝게 빛나던 재능 넘치던 제자가 사람들을 피해서 고독한 세계에 틀어박혀 지내는 지금의 상황을 아브라모프 선생은 도저히 믿을 수 없는 것 같았다.

우리가 페렐만 박사를 다시 찾아가는 일정은 취재 마지막 날에 결정되었다. 그때까지, 일방적이기는 했지만, 우리의 의도는 충분히 전했기 때문에 이번에 안 되면 어쩔 수 없다고 마음을 바꿀 생각이었다.

이른 아침, 우리는 아브라모프 선생을 맞이하기 위해 상트페테르부르크 역으로 갔다. 추위는 살을 에는 듯 매서웠다. 열차가 도착할 때마다 호들갑스러운 환영 음악이 흘렀고, 기차에서 내려선 많은 사람이 내쉬는 하얀 숨으로 플랫폼은 안개가 낀 것처럼 보였다.

아침 7시가 지나자 모스크바에서 온 야간열차가 도착했다. 아브라모프 선생님은 살짝 등을 굽혀서 담배를 피우며 기차에서 내렸다. 그 모습은 마치 페렐만 박사의 마음의 문을 여는 비장의 카드처럼 믿음직해 보였다.

"오늘은 페렐만 박사를 만날 수 있을까요?" 그렇게 묻자 선생님은 웃음을 지으며 "틀림없이 잘 될 겁니다."라고 고개를 끄덕였다.

함께 아침을 먹으면서 아브라모프 선생은 페렐만 박사를 만나고 싶은 마음을 이야기했다.

"나는 페렐만의 운명이 정말 걱정됩니다. 그래서 시험해 보려고 합니다. 그의 세계와 이 세계를 조화시키려는 시도입니다. 그것은 가능하고, 동시에 건설적이라고 생각합니다.

나는 정말 안타깝습니다. 개인적으로 아는 사람으로서 돕고 싶습니다. 그는 위대한 수학자지만, 그래도 나는 그보다 20년 더 많이 살았습니다. 뭔가 할 수 있는 일이 분명히 있을 겁니다."

현재 모스크바 교육위원회에서 일하는 선생님은 새로운 학교를 만드는 일을 맡고 있다. 그래서 일자리를 얻지 못한 채 틀어박혀 지내는 페렐만 박사가 그 새 학교에서 교사가 되어 주기를 바라는 강한 희망을 품고 있었다. 그렇게 해서 사회와 접점을 되찾는 것이 지금 박사에게는 반드시 필요하다고 했다. 만에 하나, 만나지 못했을 때의 일도 생각해서 밤새워 박사에게 줄 편지까지 써 왔다.

"페렐만의 재능은 우리 사회에 매우 소중합니다. 틀어박혀 지내지 말고 사회에 공헌해야 한다는 말을 전하고 싶습니다. 그에게 러시아의 위대한 수학자 안드레이 니콜라에비치 콜모고로프(Andrey Nikolaevich Kolmogorov, 1903~1987)의 말을 들려주고 싶어서 인용했습니다. '당신은 신께 고귀한 정신을 받았습니다. 그것을 사회에 도움이 되게 쓰기를 간절히 바랍니다.'"

오전 10시쯤, 아브라모프 선생은 페렐만 박사에게 첫 번째 전화를 걸었다. 지금까지 박사와 연락하려고 여러 번 시도해서 겨우 알아낸 번호라고 한다. 하지만 아무런 응답도 없었다. 한 시간마다 두세 번씩 전화를 걸었지만 아무도 받지 않았다.

선생은 초조해졌는지 페렐만 박사의 옛 친구에게 전화를 걸었다.

"그리샤가 어디에 있는지 아는가? 산책? ……그렇군, 저녁이라 ……."

박사는 숲으로 산책을 나가기 때문에 낮에는 집에 없을 거라는 이야기였다.

언제가 될지 모르는 귀가 시간을 우리는 페렐만 박사의 자택 옆에서 기다리기로 했다.

어머니와 함께 사는 그 집은 박사가 혼자 살기 위해 빌린 아파트와 아주 가까운 지역에 있었다.

아브라모프 선생은 때때로 차에서 내려 아파트 창문을 올려다 보았다. 초조한 마음을 억누르려는 듯 담뱃불을 붙이고 무엇인가를 골똘히 생각했다.

약 다섯 시간 뒤에 겨우 통화가 되었다.

"안녕하세요, 어머님. 그리샤와 통화할 수 있을까요?"

전화를 받은 사람은 페렐만 박사의 어머니였다. 우리는 자세를 바로 했다. 마침내 우리는 박사를 만날 수 있을지 모른다.

"그리샤? 나 아브라모프 선생일세. 지금 집 근처에 왔는데. 자네에게 주고 싶은 것이 있네. 관심을 가져 주면 좋겠는데 ……. 콜모고로프와 알렉산도르의 왕복서간집, 그리고 그 밖의 여러 가지를 가져왔네. 음, 전혀 관심이 없나? 그래?"

생각 탓인지 선생님의 표정이 먹구름이 낀 것처럼 보였다. 처음에는 밝았던 목소리도 차츰 기운을 잃은 것 같았다.

아브라모프 선생은 자신이 일하면서 겪었던 힘든 경험과 반년 동안 일자리를 잃었을 때의 에피소드까지 화제로 삼아 페렐만 박사에게 말을 걸었다.

"그리샤, 언제까지 고독한 채 지낼 생각은 아니겠지? 그래, 물론이지. 그래도 머지않아 언젠가는 일을 찾아야 해. 사회에서 일을 해야 한다네."

"자네와 어떻게 이야기하면 좋을지 잘 모르겠군. 정말 어려워. 이제 억지로 권하지는 않겠네. 그러면 지금, 수학교육에 무슨 일이 일어나고 있는지 이야기 좀 할까? 이것은 중요한 문제네. 전혀 흥미가 없는 건가? 알았네. 유감이군."

이야기하면서 몇 번이나 고개를 가로저었다. 몹시 낙담한 것처럼 보였다. 자세한 내용은 알 수 없었지만 선생의 말이 자꾸만 벽에 부딪혀서 튕겨 나오는 것만 같았다.

"만일 내가 서간집을 우편으로 보낸다고 해도 자네는 그냥 버리겠군. …… 만일 내가 자네의 평온을 깨뜨렸다면 용서해 주기 바라네."

어느 정도 시간이 지났을까. 아브라모프 선생은 조용히 전화를 끊었다. 그리고 곧바로 안 되겠다는 듯 고개를 가로저었다.

"실패입니다. 나는 최근까지 희미하게나마 그리샤에게 기대를 걸고 있었어요. 뭐랄까, 적어도 함께 이야기하고 논의할 수는 있을 것이라고. 그의 주의를 사회로 향하게 할 수 있다고. 하지만 그는 이미 역사상의 위인들처럼 손에 닿지 않는 곳으로 가 버렸습니다."

예상했던 사태였다. 페렐만 박사는 은사의 방문조차 거부한 것이다.

아브라모프 선생은 크게 한숨을 쉬고 차에서 내렸다. 담배에 불을 붙이고, 지금 막 일어난 이상한 사태를 열심히 정리하려는 듯 우리에게 설명해 주었다.

"그는 25년 전과 완전히 다른 사람이 되었습니다. 나는 지금 그에게 무슨 일이 일어나고 있는지 모릅니다. 이제 그가 사는 세계는 우리가 사는 세계와 완전히 다릅니다.

푸앵카레 추측을 증명하기까지 그가 보낸 시간은 우리가 상상조차할 수 없을 만큼 두려운 시련이었을지 모릅니다. 그 시련을 그는 혼자서 헤쳐 나왔습니다. 그러나 그 결과 그는 뭔가를 잃어버린 것입니다."

▶ 페렐만 박사와 오랜만에 이야기를 나누는 아브라모프 선생

　아브라모프 선생은 페렐만 박사에게 보내는 편지를 우체통에 넣었다. 읽지 않을지 모르지만 수학자들의 서간집과 함께.

　세기의 난제를 증명한 수학자가 느끼는 인생의 기쁨은 우리의 상상을 뛰어넘는 것일지 모른다.

｜ 수 학 자 는 　 오 늘 도 　 어 디 에 선 가 ｜

　수학의 세계에는 21세기에 해결해야 할 난제가 푸앵카레 추측 외에도 여섯 가지나 더 있다. 수학자들은 오늘도 그 난제와 씨름하고 있다.

　도대체 왜 수학자들은 끊임없이 난제에 도전하는 것일까. 그리고 그것은 어떤 체험일까?

젊었을 때, 수학에 그랬듯이 똑같이 목숨을 걸고 산에 올랐다는 발렌틴 포에나르 박사.

"등산가는 보통 사람과 달리 산에서 목숨을 잃는 것을 두려워하지 않습니다. 수학도 마찬가지입니다. 이를테면 목숨과 바꿔도 상관없다, 세상의 어떤 것도 사랑하는 수학에 비하면 보잘 것 없다고 생각하는 것이죠. 수학의 진정한 기쁨을 한 번이라도 맛보면 그 맛을 평생 잊지 못합니다."

지금도 미로 같은 파리의 지하철을 타고 시내를 빙빙 도는 것을 좋아한다는 미하일 그로모프 박사.

"수학의 매력은 수수께끼를 풀 때 느끼는 흥분 그 자체입니다. 예를 들면 아이의 눈에는 세상 모든 것이 수수께끼로 보입니다. 손발을 움직여서 신기한 것을 체험하고, 밥을 먹으면서 맛이란 도대체 무엇일까 하고 생각합니다. 보통 사람은 어른이 되면서 그런 호기심을 잃어버리는데, 수수께끼에 관한 흥미를 잃지 않은 사람은 종교가가 될 수도 있고 예술가가 될 수도 있습니다. 난제에 도전하는 수학자도 그런 사람들 중에서 생기는 것이죠."

그리고 수학자가 되어서야 비로소 있는 그대로의 자신으로 있을 수 있었다는 서스턴 박사.

"수학은 여행과 닮았습니다. 본 적 없는 것을 어떻게든 보려고 하는 노력입니다. 수학은 신비한 힘으로 우리 눈앞의 세계를 채색해서 그 신비함이 천천히, 그리고 분명하게 드러나는 겁니다."

모습을 감춘 페렐만 박사가 스탠퍼드 대학의 야코브 엘리어쉬버그 교수에게 연락을 했다. 용건은 "내 앞으로 편지가 오면 보내 달라." 는 사무적인 것이었지만, 교수는 즉시 박사를 미국으로 초청했다.

"그가 '도대체 무엇 때문에?'라고 물어서 그와 이야기하고 싶어 하는 사람이 많고, 나도 그와 이야기하고 싶기 때문이라고 말했습니다. 가벼운 마음으로 이쪽에 와서 잠깐 머물면서 수학자와 교류하면 어떻겠냐고 제안했습니다.

그러자 그는 이렇게 말했습니다. '지금, 다른 관심사가 있다.'고. 그것이 무엇이냐고 물었더니 아직 이야기할 수 없다고 대답했습니다. 그는 지금 뭔가 엉뚱한 연구에 빠져 있을지 모릅니다. 그것이 수학인지 아닌지 나로서는 알 수 없지만."

교수는 믿는다. 페렐만 박사는 틀림없이 뭔가에 쉬지 않고 도전하고 있다는 것을.

여름이 끝나고 페렐만 박사가 버섯 따기를 즐긴다는 상트페테르부르크 교외의 숲을 다시 걸었다. 잡초를 헤집자 작은 버섯이 여기저기에서 얼굴을 내밀었다.

지금도 수학계에는 풀지 못한 난제가 많이 남아 있다. 우리가 모르는 세계에서, 우리가 모르는 싸움이 앞으로도 수십 년, 수백 년에 걸쳐서 계속될 것이다.

페렐만 박사가 필즈상 수상을 거부한 지 한 달쯤 뒤인 2006년 9월 14일, 도쿄에서 교토로 향하는 신칸센 안에서 나는 수학 집중 강의를 받았다. 강사는 도쿄 공업대학의 고지마 사다요시(小島定吉) 교수로 토폴로지 전문가이다. 마드리드 국제수학자회의에서 가우스상을 받은 교토 대학의 이토 키요시(伊藤淸) 명예교수의 기념식에 참석하는 고지마 선생에게 무리하게 동행 취재를 부탁한 것이다.

그날 취재 노트를 들춰 본다.

"페렐만→전공은 리만 기하, 이 방식을 푸앵카레 추측에 도입한 사람은 없다.", "물리학의 아이디어 …… 통계물리를 증명의 요소로 사용했다.", "토폴로지 방법 …… 어떤 공간에서 어떤 공간으로 사상(寫像)을 만들어 특이점의 형태를 전부 조사한다." 기억이 희미한 만큼 쓸데없이 난해해 보였는데, 이야기를 들었던 그때도 틀림없이 머릿속은 패닉 상태였을 것이다.

하지만 노트를 다시 읽지 않아도 뚜렷이 기억나는 에피소드가 있다.

"수학자 모임은 차림새만으로도 구별할 수 있습니다. 예를 들면 기계공학 학회에 가 보면 참석한 사람들은 죄다 양복에 넥타이 차림입니다. 접수처의 등록도 형식이 정해져 있고요. 그리고 물리학 학회에 가 보면 참가자들은 복장이 조금 자유로워 넥타이는 매지 않지만 재킷 정도는 입습니다. 하지만 수학 학회에 온 사람들 중에는 넥타이를 맨 사람을 거의 찾아볼 수 없습니다. 교수들도 마치 학생처럼 청바지를 입은 사람이 드물지 않지요."

교토 대학에 도착하자 고지마 선생은 후카야 켄지(深谷賢治)라는 대수학자와 만나기로 되어 있다고 말했다. 그분은 아마 페렐만 박사를 직접 만난 적이 있을 것이라고 덧붙였다. 긴장하고 따라갔더니 놀랍게도 후카야 선생은 청바지 차림에 어깨에 가방을 메고 나타났다. 고지마 선생 말대로다. 국제적인 수학 잡지 편집자이기도 하다는 후카야 선생은 페렐만 박사에 관해 이렇게 말해 주었다.

"페렐만은 여하튼 난해한 논문을 씁니다. 게다가 누구나 읽을 수 있도록 정성스럽게 풀어서 쓰지 않습니다. 그를 '우주인 같다.' 고 말하는 사람도 있습니다."

푸앵카레 추측은 어렵지만 수학자라는 인종은 재미있을 것 같아 취재를 시작하기로 결심했다.

하지만 적(?)은 뜻밖의 곳에 숨어 있었다. 내 취재 소식을 들은 지인들이 입을 모아 말했다. "그런 프로그램이 잘 될까?"라고. 미국과 프랑스, 러시아에서 취재에 협력해 준 현지 코디네이터들도 처음 연락했을 때는 슬플 만큼 부정적인 반응을 보였다.

"저, 수학 잘 몰라요."

"학교 때부터 못했어요."

그리고 마지막으로는 영국대사관 비자 담당관에게 들은 한마디였다.

"수학 프로그램을 만든다고요? 나는 수학 싫어하는데."

수학이 이렇게까지 일반인들에게 찬밥 신세였던가 하고 놀랐다.

푸앵카레 추측을 해결하기까지 걸린 약 100년이라는 시간이 얼마나 매력적인지 설명해 줘도 "알 것 같으면서도 모르겠다."고 말했고 (내 설명이 부족한 탓도 있지만 ……), 설령 재미를 알아주었다고 해도 결국은 마지막에 필살의 일격을 가했다.

"수학의 난제를 풀어서 무엇에 쓰려고?"

이 질문은 취재와 현지 촬영을 하는 내내 취재반을 괴롭혔다.

그리고 다음의 적(?)은 다름 아닌 수학자 자신이었다. 협력해 준 수학자도 아마추어 수준에 맞춰 주려고 열심히 쉽게 풀어서 이야기했지만 그 내용의 90퍼센트를 이해하지 못했다. 기본적인 질문을 몇 번이나 되풀이하고 "예를 들어서 설명해 주시면 안 될까요?" 하고 부탁하고, 필사적으로 이해하려고 노력했지만 그야말로 '수학언어'를 습득하지 않은 몸이라 어려웠다. 한 수학자는 "페렐만 비전문가에게 해설하는 것은 내게 매우 어려운 일입니다."라고 정중히 거절하는 메일을 보내오기도 했다.

수학자와 인터뷰한 뒤에는 반드시라고 해도 좋을 만큼 카메라맨과 이런 이야기를 나누었다.

"내용, 찍었어요?"

"응, 아마."

하지만 푸앵카레 추측에 쏟은 수학자들의 정열과 수학 자체의 신비한 매력 덕분에 힘든 취재에 용기가 솟았다.

푸앵카레 추측을 맨 처음 상세하게 해설해 준 분은 도쿄 공업대학 명예교수인 혼마 타츠오(本間龍雄) 선생이다. 혼마 선생은 일본의 저차원 토폴로지 연구의 선구자로도 이름난 분으로, 1950년대에 프린스턴 대학에 유학하면서 그곳에서 파파키리아코풀로스 박사와 친분을 쌓았다.

"그는 마음이 따뜻한 남자입니다. 수학의 정리에 왜 사람 이름을 붙이는지 의문을 가졌죠. 'ㅇ▲정리'라고 하면 마치 그 사람의 소유물 같기 때문에 수학의 미학(美學)에 위배된다고 말했습니다."

사실 선생은 '덴의 보조정리'에 관한 논문을 파파보다 먼저 완성해서 일본의 국내 잡지에 발표했는데 국제적으로는 발표할 기회를 얻지 못했다.

"페렐만은 분명히 문제를 해결했지만 역시 토폴로지 방법으로 해결하지 않았기 때문에 아름답다는 생각이 들지 않습니다."

80세가 넘은 선생은 지금도 하루에 몇 시간씩 책상 앞에 앉아서 푸앵카레 추측과 관련된 연구를 하고 있다. 수학은 펜과 종이만 있으면 할 수 있기 때문에 평생 현역으로 있을 수 있다고 한다.

도쿄 공업대학의 고지마 사다요시 교수에게는 스메일 박사와 서스턴 박사를 소개받았고, 수학에서 의문이 생겨 물으면 아무리 사소한 것이라도 대답해 주었다. 세계 최초로 '3차원 우주 형태'를 컴퓨터 그래픽을 이용하여 독특한 개념도로 보여 줄 수 있었던 것도 선생의 도움 덕분이었다.

어느 날 "만일 이런 기하 문제(사각형의 면적을 어떻게 구할까)를 취재하려는 수학자에게 내 보면 어떻게 반응할까요?"라고 물었더니 선생 자신이 그 문제에 빠져들어 회의가 막혀 버렸다. 집으로 돌아가서 컴퓨터를 켜 보니 선생의 메일이 와 있었는데 메일에는 "아까 냈던 문제 말인데, 다행히 ○○역에서 풀었습니다."라고 쓰여 있었다. 이 일로 수학자의 집념을 엿볼 수 있었다.

그리고 "그건 간단해요~."가 입버릇인 요코하마 국립대학의 네가미 세이야(根上生也) 교수는 토폴로지의 난해함에 좌절한 취재반에게 다양한 예를 되풀이해서 이야기해 주고, 북돋워 주고, 자극해 주었다.

많은 도움을 받아서 성공한 해외 취재의 전모는 본편에 기록한 그대로이다. 수학자들은 대부분 대학의 중요한 지위에 있어서 바빴지만 푸앵카레 추측 취재를 진심으로 기뻐해 주었다.

수학자는 수학에 인생을 건다. 그들은 이른바 속세를 떠난 '천재'가 아니라 좋아하는 일을 계속하기 위해 세상의 유혹을 떨칠 자기 나름의 행동규범을 만들고, 그것을 지키기 위해 착실하게 노력하는 사람들이라고 느꼈다. 그리고 설령 내용은 이해하지 못했어도 수학의 매력은 충분히 전달받았다.

"수학 문제를 풀어서 무엇에 쓸까?" 말하기에 조금 주제넘지만 내가 발견한 이 궁극의 질문에 대한 한 가지 대답은 "수학은 모르기 때문에 재미있다."는 것이다.

이미 방송된 프로그램과 이 책을 통해서 수학을 싫어하는 사람이 수학이라는 신비로운 세계를 생각할 시간을 갖게 된다면 그 이상 기쁜 일은 없을 것이다.

마지막으로 이 취재의 가장 큰 계기가 된 그리고리 페렐만 박사, 그리고 취재에 응해 준 모든 수학자, 물리학자에게 감사를 드린다. 선생들의 도움말을 바탕으로 완벽한 내용이 되도록 노력했지만 애초부터 수학에는 완전 문외한이라 논리의 비약이나 설명이 부족한 부분이 있을지 모른다. 독자 여러분의 많은 질정(叱正)을 바란다. 함께 프로그램의 뼈대를 만들고, 자유로운 취재를 할 수 있게 해 준 이데 신야 프로듀서, "나는 잘 모른다."며 프로그램을 객관적으로 봐

준 미우라 히사시 프로듀서, 신비로운 수학의 세계를 영상으로 만들기 위해 애써준 호리우치 이치로 카메라맨, 구라타 히로후미, 다테요 시카츠 씨 외에 모든 프로그램 스태프에게 깊이 감사드린다.

그리고 편집자 고미나토 마사히코 씨, 늦어서 죄송합니다.

2008년 6월 길일에

가스가 마사히토

| 참 고 문 헌 |

네가미 세이야(根上生也), 『토폴로지컬 우주』
도다 마사히토(戶田正人), 『3차원 토폴로지의 새로운 전개』
로버트 오서맨, 『우주의 기하』
로빈 윌슨, 『4색문제』
마에다 케이이치(前田惠一), 『우주의 토폴로지』
마르쿠스 듀 소토이, 『소수(素數)의 음악』
앙리 푸앵카레, 『과학과 방법』
앙리 푸앵카레, 『푸앵카레 토폴로지』
혼마 타츠오(本間龍雄), 『위상공간으로 가는 길』
혼마 타츠오, 『푸앵카레 추측 이야기』
후카야 켄지(深谷賢治), 『수학자의 시점』

100년의 난제 푸앵카레 추측은 어떻게 풀렸을까?

펴낸날	초판 1쇄 2009년 8월 5일
	초판 13쇄 2019년 5월 22일

지은이 **가스가 마사히토**
옮긴이 **이수경**
펴낸이 **심만수**
펴낸곳 **(주)살림출판사**
출판등록 1989년 11월 1일 제9-210호

주소 **경기도 파주시 광인사길 30**
전화 **031-955-1350** 팩스 **031-624-1356**
홈페이지 http://www.sallimbooks.com
이메일 book@sallimbooks.com

ISBN 978-89-522-1218-4 03410
살림Friends는 (주)살림출판사의 청소년 브랜드입니다.